U0189823

跟 着 蛟 龙 去 探 海

国家出版基金项目
NATIONAL PUBLICATION FOUNDATION

跟着蛟龙去探海

总主编 刘 峰
执行总主编 李新正

深海宝藏

石学法 ◎ 主编

张馨彤 赵雅雪 **文稿编撰**

王 慧 姜佳君 陈 龙 赵雅雪 **图片统筹**

中国海洋大学出版社
·青岛·

跟着蛟龙去探海

总主编　刘　峰

执行总主编　李新正

编委会

主　任　刘　峰　中国大洋矿产资源研究开发协会秘书长

副主任　杨立敏　中国海洋大学出版社社长

　　　　　李新正　中国科学院海洋研究所研究员

委　员（以姓氏笔画为序）

　　　　　石学法　邬长斌　刘　峰　刘文菁　纪丽真

　　　　　李夕聪　李新正　杨立敏　徐永成　董　超

总策划　杨立敏
执行策划

董　超　滕俊平　孙玉苗　王　慧　郭周荣

跟着蛟龙去探海，一路潜行

深海，自古以来就带给了人类无限的遐想，从"可上九天揽月，可下五洋捉鳖"的美好向往，到凡尔纳笔下"海底两万里"的奇幻之旅，人类对它的好奇催生了一次又一次的探索与发现之旅。随着深海的神秘面纱被一点点揭开，呈现在我们面前的是一个资源宝库。对于深海资源的保护与利用，关系到人类的未来。与此同时，建设海洋强国的号召也为我国的科研工作者带来了新的使命，对于深海的探索是我们开发海洋、利用海洋、保护海洋至关重要的一环。

"蛟龙"号应运而生。我国首台自主设计、自主集成的 7 000 米级载人潜水器"蛟龙"号的诞生，揭开了我国载人深潜的新篇章，使得我国成为继美、法、俄、日之后世界上第五个掌握大深度载人深潜技术的国家。

　　"跟着蛟龙去探海"科普丛书以我国"蛟龙"号载人潜水器及其深海探测活动为背景，带你走进那神秘而令人神往的深海世界——

　　在过去漫长的岁月里，为了实现走向深蓝的海洋梦，人类进行了无数次尝试。从深海潜水球到"奋斗者"号潜水器，科技的发展使人类逐步走向深海。《探海重器》带你走进潜水器的世界。这里有搜寻过"泰坦尼克"号沉船的"阿尔文"号潜水器，有为日本深海研究立下过汗马功劳的"深海6500"号潜水器，更有在马里亚纳海沟下潜到7 062米、创造了同类载人潜水器最深下潜世界纪录的"蛟龙"号载人潜水器。

在《海底奇观》中，我们一起探索变幻莫测的深海海底的奇迹与奥秘。在这里，有挺拔的大陆隆，有狭长延绵的海岭，有平坦的深海平原，有如海洋脊梁的大洋中脊，有冒着滚滚烟雾的海底"黑烟囱"，有冒着泡泡的海底冷泉……它们高低起伏，呈现出不同的状态，再加上密密麻麻的贻贝群落、长着大"耳朵"的"小飞象章鱼"、丛生的珊瑚等，搭建出瑰丽神秘的"海底花园"。

蛟龙似箭入深海，探索生命利万世。"维纳斯的花篮"偕老同穴、超级耐热的庞贝虫、在海底"黑烟囱"旁"生根发芽"的巨型管虫、长着亮粉色古怪胸眼的裂隙虾、在海底独霸一方的铠甲虾、仿佛来自地狱的深海幽灵蛸……《奇妙生物圈》让你认识异彩纷呈的深海生命。然而这里早已不是一片净土，深海污染让人忧心——无孔不入的微塑料、距离海面一万多米的马里亚纳海沟最深处的塑料袋……

《深海宝藏》带你去被誉为21世纪人类可持续发展的战略"新疆域"——深海寻宝。深海蕴藏着人类社会未来发展所需的丰富资源，这里有可提供优质蛋白质的"蓝色粮仓"、前景广阔的"蓝色药库"、种类繁多的深海矿产。在"蛟龙"号载人潜水器等深海利器的协

助下，一个个海底"聚宝盆"逐渐向世人展示出它们的宝贵价值。

浩渺海洋，变幻莫测，尤其在深海海底潜藏着许多人类未知的宝藏。"蛟龙"号载人潜水器是中国深潜装备发展历程中的一个重要里程碑。它的研制成功吹响了中华民族进军深海的号角。

"跟着蛟龙去探海"科普丛书就像一个符号，书写着人类对于深海的好奇与热情、对于深海探索的笃定之心，更抒发着我们对于每一位心系深海、为我国海洋科学事业默默付出和无私奉献的深潜勇士和科研工作者的敬慕之心。

就让我们随着"蛟龙"号载人潜水器的脚步，踏上这奇妙的深海之旅，见证探海重器的诞生，走近雄伟壮阔的海底奇观，揭秘生活于黑暗中的奇妙生物，探索那埋藏于洋底的深海宝藏。

前 言
Preface

　　海洋浩渺无垠，它承载着先民们的浪漫想象，也给今人留下无限遐想的空间。有关海洋，我们从不缺少美丽的神话与有趣的传说，这些故事丰富了海洋文明的宝库。随着时代的进步和科学的发展，海洋的神秘面纱渐渐揭开，探索领域拓展到了深海，我们正逐步了解神秘而迷人的深海世界。

　　在这里，你会见到各有特色的深海鱼"明星"，银色的三文鱼、头大的鳕鱼、形貌奇特的鮟鱇，等等，带给我们味觉的享受；在这里，你能看到生长缓慢的北极虾、"蟹中之王"——帝王蟹的身影，它们从不甘心沦为鱼类的陪衬，争先恐后地展示自己的奇妙之处；在这里，千姿百态的珊瑚、会喷墨的乌贼、形似植物的海绵与海鞘为人类贡献出药物。遨游其中，许多谜团都迎刃而解，让人流连忘返。

六种"居住"在深海的矿产资源，逐一走进我们的视野。深海之中也有"黄金"吗？可燃冰是不是真正的冰？深海稀土又是什么？别着急，这许许多多的疑问都能在本书中得到解答。多金属结核、富钴结壳、多金属硫化物……别看它们的名字陌生，如何开发、利用它们，却与我们的生活息息相关。

　　现在，就让我们跟着"蛟龙"号，开始一段难忘的深海寻宝之旅吧！■

目　录

Contents

深海生物资源

"蛟龙"似箭入深海，探索生命利万世。

人们原本以为昏暗、寒冷的深海是生命的禁区，然而随着科学技术的发展，人们发现了精彩的深海生物世界……

"蛟龙"号载人潜水器

　　"可上九天揽月，可下五洋捉鳖"，随着几十年来我国日新月异的发展，这句话已经不再是梦想。我国完全自主研制的载人潜水器——"蛟龙"号，可以下潜到人类之前难以到达的深海进行科学考察。鉴于深海中蕴藏着丰厚的生物宝藏，"蛟龙"号科学考察的一个重要内容就是深海生物。科研人员在深海发现了生物多样性很高的底栖生物群落，其中多数生物为深海特有种。深海的许多生物富含特殊蛋白质，具有食用和药用价值，可能成为"蓝色粮仓""蓝色药库"的一部分。

"蛟龙"号载人潜水器

知识点链接

"蓝色粮仓"是在国家粮食安全和海洋强国建设背景下提出的，以优质蛋白质高效供给和拓展国家粮食安全的战略空间为目标。2016 年，中国工程院院士管华诗倡议并发

鱼养殖场

霞浦海上养殖场

起实施"蓝色药库"开发计划，大力开发海洋药物。从现阶段来看，大环境和基础条件都呈利好状态，开发建设中国的"蓝色粮仓"和"蓝色药库"具有可行性和必要性，是功在千秋的事业。

种类繁多的海鲜

深海食用生物资源 ▶▶▶

　　蔚蓝的海洋绵延无垠。海洋总是静默无言地为人类贡献它的珍宝，其中一类珍宝便是人类重要的食物来源——海鲜。许多人对海鲜并不陌生。人类与海鲜打交道的历史颇为久远，光是我国的一些菜系，在烹制海鲜时就各有独特的技法。例如，鲁菜的咸鲜味醇、浙菜的大胆新奇、闽菜的雅俗共赏、粤菜的清蒸持鲜，变着花样诠释海鲜的美味。

　　海洋尤其是深海在向人类提供食物方面的能力不容小觑。海洋食用生物资源十分丰裕，再加上其营养价值非常高，近年来，海洋食用生物资源越发受到世界各国的关注。

三文鱼

深海鱼可谓深海食用生物资源中的大家族。它们不但种类繁多，而且群体庞大。三文鱼就是我们常见的一类深海鱼。在介绍它们之前，我们先来了解一下深海鱼。

深海鱼富含蛋白质以及人体所需的多种微量元素，加之现代社会中人们对于通过调理饮食来保持身体健康愈发重视，于是科研人员对可食用深海鱼进行了深入的研究。越来越多的研究证明，食用某些深海鱼不但能够维持人体机能，而且对于一些疾病具有一定的预防作用。

例如，深海鱼富含的 ω-3 脂肪酸为人体所必需，且无法由人体自身合成，只能从食物中摄取，再加上深海鱼受到的污染少，因此深海鱼当之无愧地成为人类餐桌上的健康食品。深海鱼富含的 ω-3 脂肪酸可以调节人体的炎症反应、促进神经发育，对关节炎、心脑血管疾病等具有预防作用。

深海鱼

下面我们就先来看一看食用深海鱼"明星"——三文鱼。

提起三文鱼，相信不少人脑海中首先浮现的便是色泽诱人、肉味鲜美的三文鱼刺身，这是日本料理中的重要代表。而三文鱼美味的背后是它们的"传奇"。在漫长的物种演化过程中，三文鱼的家族不断发展壮大，谱系庞杂，虽然各家族成员的大小、形态各异，但是它们都为了生存和种族繁衍而不断攻克艰险，顽强地与大自然抗争。现在，就让我们去探寻它们的"传奇"吧！

三文鱼是 salmon 的音译，是鲑科鱼类的总称。从广义上来看，三文鱼泛指具有类似形态和洄游习性的鲑科鱼类；而狭义的三文鱼则特指鲑科鲑属的大西洋鲑，也就是常被人们用来制作生鱼片的一种鱼。

能跳善跃，适应性强

大西洋鲑拥有利落、匀称的身形，整体看来就像是个梭子。或许有人要说：大西洋鲑肯定是"健身达人"，不然怎能保持如此迷人的流线型身材？其实，大西洋鲑不光擅长"健身"，还

是技艺高超的"杂技师"呢！大西洋鲑调动强健的肌肉，摆动尾巴，破水而出，用身体在空中画出一道美丽的弧线。它们飞跃瀑布、跨越激流的优美身姿，只怕职业的杂技师看到了也要自愧不如呢！

大西洋鲑"身兼多职"，除了是"杂技师"之外，还是出色的"魔术师"。

生存环境不断变迁，大西洋鲑为了在残酷的生存环境下繁衍生息，求变求新，展现出惊人的适应性。

适应性主要体现在大西洋鲑在不同的成长阶段产生的变化。大西洋鲑的仔鱼刚孵化出来的时候体长 2 厘米左右，体长达到 5～8 厘米的时候，背部就开始发黑，体侧出现 9～11 条纵纹。仔细观察，会发现有红色斑点缀衬其间。当体长达到 12～24 厘米时，大西洋鲑又会摇身一变，换上一身银光闪闪的"新衣"，红黑斑点在不知不觉中已被一层银白色的鳞片覆盖了。

溯河洄游的成年大西洋鲑特别是雄鱼会发生体色和颌部形状的变化。例如，雄鱼踏上洄游征途时，会为自己换上一袭呈现出黄绿色或者橙红色的"战甲"，

大西洋鲑

并用红斑点缀其上，宛若千簇万簇绽放的礼花。它们的颌部也会变成与钩子类似的形状，赫然给自己增添了勇猛无畏的气魄。当繁殖期结束时，雄鱼会卸下沾满风尘的"战甲"，重新换上那身一贯钟爱的银色"常服"。

逆流而上的三文鱼

深海生物资源

倔强而悲壮的斗士

三文鱼名头如此之大，享誉世界，原因除了它们肉质细嫩、富有营养，还有它们拥有广泛的栖息地，在许多海域都能看到它们的身影。不过，三文鱼偏爱北半球的高纬度地区，在挪威、俄罗斯、加拿大和美国等国家的高纬度海域均有分布。以北半球的法罗群岛为例，那里水质好，温度长年稳定在适宜区间，故而法罗群岛成为三文鱼的重要产地。

危机四伏的深海里有鲨鱼等高级掠食者，空中有白头海雕等伺机而动，河岸上还有灰熊等蠢蠢欲动，不过，面对天敌，倔强的三文鱼永不服输。它们采取"鱼海战术"：在繁殖季节集体溯河，以自己的生命为代价繁殖大量后代，使种群得以维系。这就是其与自然斗争的赫赫"战果"！

正在产卵的三文鱼

味美而有营养，为健康护航

研究证明，三文鱼的营养价值非常高。三文鱼肉不但富含蛋白质，而且含有丰富的 ω−3 脂肪酸——二十二碳六烯酸（DHA）和二十碳五烯酸（EPA），这些都是促进人类大脑发育的重要物质。除此之外，三文鱼肉还是胆固醇含量低的食品。

三文鱼在保障身体健康、预防疾病方面的作用不容小觑。三文鱼中含有虾青素，虾青素因具有显著的抗氧化作用而争得了"超级维生素 E"的称号。科研人员认为虾青素不但能提高人体的免疫力，而且有助于预防某些人类疾病。此外，三文鱼中富含的 ω−3 脂肪酸更是有待人类发掘的"健康宝藏"，它能保护人的肠道免受疾病的侵扰，并为中老年人常见的心脑血管疾病的防治带来曙光。

上文提到三文鱼富含虾青素，这正是其鱼肉呈现橘红色的原因。饮食文化一般讲求色、香、

纹理分明的三文鱼肉

味，三文鱼那红白相间的鱼肉就令食客得到了视觉上的满足，加之其肉质细嫩，食之唇齿留香，因而三文鱼受到美食家的追捧。

人们把三文鱼作为食材由来已久。烟熏是一种三文鱼的经典烹饪方法。这种烹饪方法在北欧比较常见，人们常把熏制好的三文鱼和面包等食材搭配食用。随着人

烟熏三文鱼

香煎三文鱼片

们对最大限度保持食材的原味和营养成分这一目标的追求，香煎三文鱼片被创造出来，用香煎三文鱼片制作的寿司也受到人们的欢迎。此外，三文鱼的鱼子也是制作鱼子酱的上佳之选，营养丰富，滑弹鲜美。

值得注意的是，我们在享受美味的同时也不要忘记保护三文鱼种群的延续。历史上由于人们破坏了三文鱼的栖息地以及无节制地滥捕三文鱼，三文鱼曾多次濒临灭绝。现在，随着人们生态保护意识的增强和技术的提高，人们更多地用人工养殖来取代对野生三文鱼的捕杀，在满足了人类的美味需求的同时，保护了自然生态环境。

鳕鱼

鳕鱼营养丰富、味道鲜美，具有较高的经济价值。

一般说来，鳕科的鱼种生活在大海中，而江鳕却另辟蹊径，选择在淡水中安居。

太平洋鳕

真正意义上的鳕鱼指的是鳕形目鳕科鳕属的鱼类。按照这个标准，鳕鱼应该仅有三种，分别是太平洋鳕、大西洋鳕和格陵兰鳕。

大西洋鳕

形态多样，多生劣育

太平洋鳕拥有大大的头和嘴巴，所以在我国黄渤海地区又被称为"大头鳕"。太平洋鳕上颌突出，而下颌较短，下颌上长着的一根"胡须"叫作"颏须"，为其增添了几分憨态。它们的体背和鱼鳍都呈灰褐色，背部有许多棕色和黄色交杂的斑纹，肚子是灰白色的，体长通常为 37 ~ 75 厘米。此外，它们的身体两侧还各有一条侧线。

大西洋鳕的外形与太平洋鳕相似，但是个头更大，体长通常超过 80 厘米，有时可达 2 米。它们的身体呈长纺锤形，体色较太平洋鳕更为多变，体侧常从黄褐色渐变成浅绿灰色，其间点缀有很多褐色的斑点，就像是穿着一袭时尚的豹纹衣服。它们的身体两侧各有一条明显的侧线，使身形显得更加灵动、飘逸。

格陵兰鳕是一种产量很少的鳕鱼，个头比大西洋鳕小得多，寿命一般情况下比太平洋鳕和大西洋鳕都要短，最高达 12 年。因为格陵兰岛也出产经济价值高的大西洋鳕，很少有人专门去捕捞格陵兰鳕，所以我们在市场上很少见到格陵兰鳕。

不同种类的鳕鱼虽然形态不尽相同，但都拥有一项不容忽视的生存本领——强大的繁殖能力。鳕鱼每年一次的繁殖期可以持续三个月，一条体长 1 米左右的大西洋鳕雌鱼，在繁殖期一次就可以产下 300 万 ~ 400 万枚鱼卵。产卵结束后，鳕鱼"妈妈"会扬长而去，留下鱼卵自生自灭，最终只有很少的受精卵能够顺利发育。如果鳕鱼不是"以量取胜"，这些物种怕是难以延续至今。

择北而居，傲寒抗冻

太平洋鳕一般栖居于冷水的底层，在太平洋北部的海域分布，以无脊椎动物和小型鱼类为食。

大西洋鳕主要分布在北大西洋和北极圈附近的海域，从北欧到北美的广阔海域中都能找到它们。它们同样属于冷水性底栖鱼类，哪怕是水深600米左右的深海，都能成为它们的安居之所。大西洋鳕是杂食性的，藻类、甲壳类、鱼类、头足类都可以成为它们的美食。大西洋鳕一般结群游动，会根据温度变化、觅食和繁衍的需求主动季节性迁徙。雌鱼在寒冷的冬季或早春游到较为温暖、舒适的海域产卵，以便幼鱼在适宜的环境中长大。

格陵兰鳕的分布区域较为狭小，仅在格陵兰岛附近的海域有所分布。

虽然三种鳕鱼的分布区域有所差异，但它们都偏爱深海。深海的环境十分恶劣，不但光线不够充足，而且随着深度的加大，压力也会剧增，最重要的一点是缺少生物生存必需的热源，部分海域的温度甚至低于0℃。无论从哪个方面来看，寒冷的深海实在算不上是"良宅"，但鳕鱼能够在此悠游。那么，鳕鱼到底有什么"秘技"，才能把一般动物望而却步的深海作为自己的栖息"宝地"呢？原来，鳕鱼的体液中含有一种被称作"抗冻蛋白质"的特殊物质，能够降低体液的冰点，这也就解释了为什么有的鳕鱼在-2℃的深海仍能生存下来甚至保持活力。

营养丰富，备受青睐

鳕鱼是市场上很常见的深海鱼。除了年产量很大，鳕鱼自身富含各类营养物质也是博得人们青睐的重要原因。

鳕鱼肉的蛋白质含量高于三文鱼肉，且含有较少的脂肪，因此很多人把其当作减肥食品。鳕鱼肉中丰富的镁元素对心肌梗死、高血压等疾病有一定预防作用，有利于保护人的心血管健康。从鳕鱼肝中提取的鱼肝油是许多药品和保健品的重要原料。实验证明，以现代生物技术利用鳕鱼骨制备的活性钙十分

鱼肝油胶囊

容易被人体吸收。鳕鱼子含有丰富的粗蛋白、脂肪酸和锌、硒等微量元素。

鳕鱼的营养价值如此之高，加之其肉质细嫩、味美回甘且刺少，早已成为人们熟知并喜爱的食用深海鱼，所以关于鳕鱼的烹饪方法和菜式是很丰富的。

无论是香煎、熏腌，还是做成便携的生鱼片或鱼罐头，总有一样能够刺激你的味蕾。

鳕鱼一度被狂热的追捧者誉为"餐桌上的营养师"，人们对于鳕鱼的热爱，从 20 世纪那场持续了近 20 年的"鳕鱼战争"中就可见一斑。"鳕鱼战争"是英国与冰岛之间围绕鳕鱼资源产生的冲突。为了争夺宝贵的鳕鱼资源，从 1958 年开始，英国与冰岛两国之间先后发生三次对峙，在国际力量的斡旋下，最后以国际社会广泛承认冰岛的 200 海里专属经济区权益告终。能够让一向自诩"绅士"的英国人不惜大动干戈也要争夺的鳕鱼，其受欢迎程度不言而喻。

美味的鳕鱼排

形貌奇特的鮟鱇

鮟鱇俗称蛤蟆鱼、琵琶鱼，体长一般 40 ~ 60 厘米，原非传统渔业的捕捞对象，但是仍凭借着自身的美味现今已进入人们的视野。

形貌奇特

在人们看来，大部分鮟鱇的形貌十分奇特：身体又扁又平，短小的鱼鳍与硕大的身体颇不协调。体表无鳞，皮肤松弛，看起来软趴趴的。一张大嘴几乎与身体一样宽，眼睛长在头顶上。

鮟鱇虽然没有发达的鱼鳍，只能用较为宽大的胸鳍来辅助滑行，但捕食能力丝毫不比那些灵活、迅猛的鱼类差，鮟鱇有一种捕食的"秘密武器"——"鱼竿"（但并不是所有种类的鮟鱇都有"鱼竿"）。其实，所谓"鱼竿"是由鮟鱇

鮟鱇

相信大家都听说过姜太公钓鱼的故事。在水深 500 ~ 1 000 米的昏暗的海底，也住着"姜太公"，日复一日地续写着"愿者上钩"的故事。它们就是形貌奇特的鮟鱇。

深海生物资源

第一背鳍的第一鳍棘演化而来的，长而柔软。至于它们是怎样用这根"鱼竿"来钓鱼的，我们后面会详细描述。

终生相附

鮟鱇广泛分布于大西洋、印度洋和西北太平洋，在我国沿海都能找到它们的身影。鮟鱇喜欢栖居于泥沙质的海底，常静伏，不善游动。鮟鱇的摄食种类多样，从小型鱼类到无脊椎动物，都在它的"食谱"之中。它们甚至能吞下和自身大小相当的食物。

既然鮟鱇如此"好吃懒做"，那么它们是怎样在大海深处找到心仪的"伴侣"的呢？这里就不得不提到鮟鱇的一个神奇的习性。

因为鮟鱇生活在广袤、深邃的海底，自身又不善游动，所以雌、雄鱼相遇存在不小的困难。为了使种群得以延续，一些种类的鮟鱇演化出性寄生的繁衍方式。

原来，鮟鱇的卵孵化后，幼小的雄鱼就会去寻找雌鱼。一旦二者相遇，雄鱼就会死死咬住雌鱼的皮肤，一段时间后，雄鱼的吻部和身体的一部分就与雌鱼的皮肤紧密融合在一起了。"结亲"后，雄鱼周身只有精巢发达，其余器官全

鮟鱇的性寄生示意图

部萎缩。接下来，雄鱼就依靠雌鱼的血液来维持生存所需并完成"生儿育女"的大任。值得一提的是，一条雌鱼可以同时和多条雄鱼"结亲"。在雌鱼身上找到几个鼓包，就说明有几条雄鱼附在它身上。

爱"咳嗽"的"钓鱼老人"

鮟鱇是富有传奇色彩的鱼类，为人们奉上一段又一段有趣的故事。

先来说说鮟鱇引以为傲的谋生手段——"钓鱼"。前文已经说到，鮟鱇的"鱼竿"其实是它们的鳍棘，在鳍棘的顶端长着一个囊状的皮瓣——拟饵，远远看去就像是随水漂动的食物，这就是鮟鱇引诱猎物的诱饵。更奇特的是，有些种类的鮟鱇的拟饵里有共生的发光细菌，这使拟饵发光，可以吸引一些具有趋光性的猎物。捕猎的时候，鮟鱇只需要把身体埋在泥沙里，慵懒地伸出并晃动那根没有"鱼钩"的"鱼竿"来引诱周边的猎物，"稳坐钓鱼台"，静待"愿

"稳坐钓鱼台"的鮟鱇

者上钩"。一旦猎物被诱饵吸引，游到鮟鱇的攻击范围内，鮟鱇就会毫不犹豫地张开大嘴吞下这送上门来的美食。

许多动物能够发声，鮟鱇也是如此。仔细听，"咳咳……咳咳咳……"，鮟鱇发出的声音断断续续、低哑沉郁，竟似垂垂老人的咳嗽声。于是乎，鮟鱇的"老头鱼"称号便广为流传了。

味比河豚，药食同源

鮟鱇具有弹性十足的口感、鲜美回甘的味道，清蒸、煎炸、炖煮……一系列菜式都不在话下。此外，黄鮟鱇的肝脏更是得到人们的喜爱，素有"海中鹅肝"的美称，而且鮟鱇肝的口感比鹅肝的口感更为细嫩。

鮟鱇除了肉味鲜美，还富含营养成分，有较高的药用价值。鮟鱇全身多处都可以入药。从鮟鱇的胆汁中提取出的牛黄素，是清热解毒的良药。传统中医药典籍认为鮟鱇能够健脾胃、调胃酸，对于治疗消化不良具有很好的辅助作用。

美味的鮟鱇

鮟鱇肝料理

雪蟹

雪蟹指十足目突眼蟹科雪蟹属的物种，常见的有灰眼雪蟹和红眼雪蟹两种。一般情况下，雪蟹壳的长和宽都在 7 ～ 15 厘米。雪蟹拥有令人艳羡的"大长腿"，展开可达 80 厘米。雄蟹的腹部呈梯形，而雌蟹的腹部较为阔大，且雄蟹明显比雌蟹大。

红眼雪蟹的面部

北极地区的"常驻嘉宾"

雪蟹主要分布在太平洋北部和大西洋西北部海域，是北极地区的重要渔业资源，能带来可观的经济效益，从 19 世纪至今，在太平洋北部和大西洋海域的渔业中具有扛鼎之功。在商业捕捞活动中，因为雌蟹个头儿较小，商业价值不高，所以雄蟹就成为捕捞者的优选。

繁殖期的雪蟹"夫妇"

通常情况下，雪蟹生活在不超过 500 米深的海洋底部，尤爱 200 ～ 450 米的水深。

上文我们提到雄蟹的个头要比雌蟹大不少，雄蟹在向心仪的雌蟹表达爱意的时候就比较标新立异了。在博讷湾，4 月末，灰眼雪蟹会逐渐聚集到浅水区进行繁殖。

灰眼雪蟹

深海生物资源

挑剔的雄蟹在择偶方面有自己的标准，那就是钟情于带着幼体的雌蟹。一旦择定了对象，雄蟹就会牢牢地控制住雌蟹，甚至有时候还凭借个头优势把雌蟹高高地举过头顶。雄蟹与雌蟹"成亲"后大约三周的时间里，雄蟹会担当"心上人"的"保镖"和"保姆"，一边抵御天敌，一边为雌蟹觅食。不过好景不长，雄蟹一旦完成授精工作，就会迅速"变脸"，扬长而去。

处在"热恋期"的雪蟹"夫妇"

体大味美

雪蟹含有丰富的营养成分，不仅能降低胆固醇和血糖含量，还有健胃、助消化的作用。

雪蟹的肉质弹滑、细嫩，人们很早就注意到了雪蟹的食用价值。在烹饪时，人们主要选取蟹腿的肉入菜，蟹肉甜美多汁，品之长久回甘。

作为雪蟹的主产地之一，日本有悠久的雪蟹食用文化。日本人把号称"龙

拥有"大长腿"的雪蟹

"开花"的雪蟹腿

雪蟹料理

　　肝凤髓"的雪蟹简直要玩出花儿来：或是把蟹腿放入冰水，令其遇冷收缩而绽放出洁白的"肉花"；或是细剖、微研，剔蟹黄、蟹肉，取蟹壳做器，下以炭火炙烤……种种吃法，不一而足。

帝王蟹

　　帝王蟹指十足目石蟹科的物种。别看它们顶着"蟹"的名头，严格来说，它们并不能算作真正的螃蟹。因为螃蟹是十足目短尾下目的，有 4 对步足和 1 对螯足，而帝王蟹只有 3 对步足和 1 对螯足，所以帝王蟹应该和歪尾下目的寄居蟹是"近亲"，石蟹科曾一度被认为是寄居蟹科的一个分支。

　　帝王蟹正是凭借硕大的身形摘得"帝王"的桂冠，其头胸甲可以长到 30 厘米宽，常身披奢华的褐色"铠甲"，"铠甲"上配备了坚硬的刺，步足完全展开时可以接近 2 米，好不"魁梧"！

比邻鳕鱼，"身价"不菲

帝王蟹广泛分布于北太平洋，在日本北部海域、白令海以及阿拉斯加海域较为常见。帝王蟹与前面介绍过的鳕鱼是"邻居"，所以日本人又称其为"鳕场蟹"。

帝王蟹个头大，肉鲜美，其高昂的价格常令人咋舌。价格高昂是因为帝王蟹的捕捞和运输成本很高。由于相关国家的政策保护，渔民能够把握的捕蟹期很短。在每年的 10 月至 11 月，海面上的温度早已降至零下，渔民不仅要克服低温和疾风的困难，还面临着船体结上巨冰而导致捕蟹船随时有可能倾覆的危险。不但如此，面对浩渺的海洋和恶劣的气候，渔民需要装备声呐等先进设备来锁定蟹群，加上帝王蟹必须活体运输以保鲜的严苛物流标准，都在无形中提高了帝王蟹的价格。

耐寒群居，细心"育儿"

帝王蟹一般生活在 270 ~ 730 米的水深，有时甚至可达水深 800 米，能够在 0℃左右的寒冷深海中生存下来。

帝王蟹的"食谱"上主要是一些软体动物和小型鱼类。虽然帝王蟹块头大，但是一般不会独来独往，它们其实深谙"抱团取暖"的道理，无论是觅食还是繁殖，都会成群结队，组成壮观的蟹群。

虽然成年帝王蟹都生活在水深较深的海域，但是它们小时候更喜欢比较温暖的较浅的海域，因为那里的食物更为丰富。也就是说，帝王蟹生活的水深不是一成不变的，而是会随着成长阶段的不同而改变。帝王蟹会在繁殖期集体迁徙至温暖、食物丰饶的浅海，在完成交配后，蟹"妈妈"不放心把受精卵直接放到大海，就把它们小心翼翼地粘在自己的腹部，看护它们直至顺利孵化。

帝王蟹

营养味美，肉质紧实

　　和许多深海鱼虾一样，帝王蟹同样是高蛋白、低脂肪的食材。帝王蟹具有丰富的营养成分，而且味道鲜美。

　　帝王蟹肉质紧实、饱满，可以被烹制成多种佳肴，深受人们的喜爱。人们主要选取帝王蟹的腿肉作为食材。和其他海鲜一样，食用帝王蟹最好选取蒸煮这类能够保持食材原本鲜甜风味的加热方式，除此之外，炭烤蟹腿、爆烧帝王蟹、帝王蟹浓汤等菜式也是不错的选择。

清蒸帝王蟹

帝王蟹刺身

深海生物资源

北极虾

日本料理素以细腻精致、自然健康闻名，常以新鲜的海产品和时令蔬菜为主要原料。有一种海虾常出现在日本料理中。这种海虾入口鲜甜无比，能为整个料理增色不少。这就是北极虾，又叫"北方长额虾""北极甜虾""冷水虾"。

北极虾身形窈窕，头部偏大，两眼突出。与一般的暖水虾相比，北极虾的寿命要长一些，甚至能活8年。

北极虾

栖居北极，备受欢迎

北极虾偏爱高纬度的深海，分布于太平洋和大西洋北部，以北极附近海域为主要产地，因而得"北极虾"之名。全球的北极虾年捕捞量超过30万吨，大部分北极虾捕捞自加拿大的拉布拉多海以及丹麦格陵兰岛的西部海域，挪威、冰岛等国家每年也有少量捕捞。我国市场对北极虾的需求量很大，2019年的进口量超过5万吨，在全球北极虾消费市场中是最大的。

生长缓慢，可以变性

北极虾一般生活在水深200～250米的海底，甚至在水深1 000米以上的深海都能看到它们的身影。北极虾常居冰冷的深海，所能摄取到的养分有限，因此生长速度较为缓慢。

有趣的是，为了应对较为恶劣的生存环境，保持种群繁衍有序，北极虾演变出可以变性的特点。

北极虾从出生至2～4龄都是雄性的，但之后，这些雄性北极虾就会自发地变性，从雄性变成雌性。值得一提的是，为了保持较高的种群繁衍能力，北极虾会自动调节种群内部的性别比例。具体来说，北极虾会根据种群中的雌雄比例来调节自身的变性时间，若雌性数量明显高于雄性，雄性会推迟变性，反之，则提前变性。

美味的北极虾

"甜虾"之名

北极虾因为其甜美的味道而被称为"甜虾"。为什么在食用北极虾的时候会感到丝丝甜味呢？原来，北极虾为了适应寒冷的生存环境，在体内储存了大量活性很高的蛋白质分解酶，在死亡之后，这些酶就不受控制，在分解机体蛋白后释放出大量的呈味氨基酸，一些呈味氨基酸具有甜味。

北极虾不但味道鲜甜，而且因为它们的生长周期较长，所以肉质紧实。此外，北极虾营养丰富，除了优质蛋白质外，还含有大量不饱和脂肪酸和丰富的对人体有益的微量元素，如锌、碘、硒、铁元素。

鱿鱼

提起鱿鱼，想必大家都不陌生，无论在滨海地区抑或内陆地区的市场上，似乎都能见到鱿鱼的身影。鱿鱼的烹饪方法繁多，煎、炒、烤、炸，总能为人们带来弹牙的口感、鲜美的味道。不过，你是否了解眼前香味诱人的鱿鱼呢？

典型的可食用鱿鱼

我们常见的鱿鱼属于软体动物门头足纲十腕总目枪形目，包括枪乌贼科、柔鱼科和菱鳍乌贼科等。下面介绍两种受欢迎的可食用鱿鱼。

阿根廷滑柔鱼又称阿根廷鱿鱼。它们的活体外套膜为褐色，胴长为38～40厘米，胴背中央有一条明显的粗黑带，触腕穗中间有2列大吸盘。两鳍略呈横菱形，短且宽。阿根廷滑柔鱼的腕足很长，雄性的腕足比雌性的腕足要长得多。

它们以头足类、甲壳类和鱼类为食。它们的生命周期短，通常为一年，最长不超过18个月。它们的种群结构复杂，根据繁殖季节的不同，可以把它们分为春季产卵群、夏季产卵群、秋季产卵群、

阿根廷滑柔鱼

冬季产卵群。其繁殖期虽然贯穿全年，但是以 5 ~ 8 月为高峰。

阿根廷滑柔鱼主要分布于西南大西洋，是西南大西洋重要的经济头足类，也是全球重要的鱿鱼品种之一。在夜间捕捞时，渔民利用明亮的灯光将阿根廷滑柔鱼吸引到海面，然后用大渔网捕获它们。海洋环境与气候变化对阿根廷滑柔鱼的资源丰度有很大影响。阿根廷滑柔鱼的年产量差异明显、波动较大，因此对该类资源应寻求合理、可持续的开发和管理的方式。

太平洋褶柔鱼在我国鱿鱼市场上所占比例最大。太平洋褶柔鱼的常见胴长约 30 厘米，最长 50 厘米。胴背中央有深褐色粗带。鳍一般不会超过胴长的 1/3，一对鳍呈横菱形。肉质较硬，多用于制作鱿鱼丝、鱿鱼干等。

太平洋褶柔鱼主要产自太平洋的西北部海域，从日本沿海到我国的黄海和东海都有广泛的分布。太平洋褶柔鱼是目前韩国和日本的重要捕捞头足类资源之一，在我国东海海域的头足类资源中也占据重要地位。

太平洋褶柔鱼

深海中的"明灯"

许多头足类动物可以发光，似海中游动的一盏盏小灯。在鱿鱼家族中，枪乌贼科尾枪乌贼属动物体内有一对发光器，位于肠的两侧。它们凭借发光器达到在黑暗的深海中照明、求偶、保护自身等目的。

柔鱼科中也有能发光的成员，如洪堡鱿鱼。与鱿鱼家族中的其他成员不同，洪堡鱿鱼喜欢群居，有良好的"群体意识"，往往采取合作方式来捕食。它们的视力很好，能够在昏暗的深海轻松视物。洪堡鱿鱼中偶尔会发生残酷的同类相食事件，这种现象在其他鱿鱼种类中也时常出现。

爽滑紧弹，营养健康

鱿鱼的营养价值很高，可以和牛肉媲美。鱿鱼富含多种氨基酸，其中包括多种人体必需氨基酸。鱿鱼含有硒、铁、锌、钙、镁、钾等元素，其中硒的含量非常丰富，而硒具有抗氧化、增强免疫力等作用。鱿鱼还含有多种维生素，如可以促进细胞再生与人体发育的维生素 B_2、维护神经系统健康的维生素 B_{12}。

鱿鱼凭借其紧致弹滑的口感和独特风味赢得人们的青睐，从刺身到油炸，从爆炒到烘干，许多菜式都能带来美味。

洪堡鱿鱼

鱿鱼刺身

炸鱿鱼圈

烤鱿鱼

深海药用生物资源 ▶▶▶

海洋在为我们提供丰富的食用生物资源的同时，还奉献了药用生物资源。不少海洋生物由于生活在低温、高压、高盐的特殊环境中，而拥有独特的代谢机制与生存方式。科研人员可以从海洋生物中提取出陆地上罕见的多种天然产物，它们具有抗病毒、抗肿瘤、抗菌等活性，为创新型海洋药物的研发提供了基础。

随着海洋考察技术和海洋药物科技的发展，越来越多的海洋天然产物被发现。这些海洋天然产物正不断为"蓝色药库"的建设添砖加瓦，为人类的健康保驾护航。

虽然目前已上市的、处于临床前和临床研究的海洋药物大多来源于浅海生物，但是深海生物已受到医药领域科研人员的关注，从中获取药物的研究在积极地进行中。

深海鱼

在海洋丰富的物种中，存在着许许多多对人类的疾病治疗和健康维护有积极作用的生物，庞大的深海鱼家族就是其中十分重要的一类。

市面上比较常见的海洋药物有硫酸鱼精蛋白、角鲨烯、ω-3脂肪酸乙酯等，它们分别在中和肝素、抗氧化、脂类调节等方面有不容忽视的积极效果，为许许多多患者缓解病痛、维持生命做出过不小的贡献。肯定有人好奇，这些疗效显著的药物都来自哪里呢？事实上，其中一部分就来源于我们熟知的深海鱼类。

中和肝素的能手——硫酸鱼精蛋白

在一些患者出现自发性出血如咯血、上消化道出血等症状时，如果检查结果证明是患者体内的肝素钠或肝素钙过高而导致此症状，医生就会根据酸碱中和的化学原理，为患者注射一种叫作"硫酸鱼精蛋白"的注射液。硫酸鱼精蛋白是一种碱性蛋白质硫酸盐，主要取自鲑鱼或太平洋鲱的成熟精巢。因为硫酸鱼精蛋白具有强碱性，能够与具有强酸性的肝素钠或肝素钙发生酸碱中和反应，从而形成稳定的盐，在此基础上消减肝素的抗凝血作用，再加上用它制成的注射液作用迅速，所以它自1969年由美国食品药品监督管理局（FDA）批准上市以来就一直作为肝素中和剂使用。

多功能的"健康卫士"——角鲨烯

角鲨烯是一种不饱和烃类化合物，最早在深海鲨鱼肝油中被发现。不过，鲨鱼的品种、年龄以及分布区域不同，其肝脏内部所含的角鲨烯的量有所不同。科研人员发现，生活在深海中的鲨鱼，其肝脏所含的角鲨烯比生活在浅海中的鲨鱼更多。科研人员经过细致的研究，揭开了深海鲨鱼的一个秘密：正是由于具有富含角鲨烯的巨大肝脏，深海鲨鱼才能在高压、低氧的深海环境中繁衍至今。

除了鲨鱼体内，角鲨烯还存在于其他动物、植物和微生物体内。科研人员经研究发现动物皮脂中角鲨烯的含量较高，每 100 克鼹鼠皮脂中角鲨烯为 70 克，高于其他动物皮脂中角鲨烯的含量。研究发现，在淡水鱼的肌肉和内脏脂肪中存在角鲨烯；牦牛肉中角鲨烯的含量较高，但是，牦牛品种不同、牦牛肉的部位不同，角鲨烯的含量有比较大的差异。

1935 年，科研人员第一次在橄榄油中发现角鲨烯。为了保护野生鲨鱼资源，国内外科研人员越来越重视研究与提取植物来源角鲨烯。他们从橄榄油、苋菜籽油、棕榈油、米糠油等植物油，农作物种子和其他植物组织中检测出角鲨烯，经对比发现，苋菜籽油与橄榄油中的角鲨烯因含量较高而具有较大开发利用价值。

科研人员从一些微生物中检测到微

萨氏角鲨

古巴角鲨

姥鲨

量角鲨烯，从而提出通过筛选高产角鲨烯的菌株，以发酵的方式生产角鲨烯，这为角鲨烯的获得提供了一个思路。

角鲨烯有怎样的生物活性呢？第一，角鲨烯具有携氧能力。它与机体内的氧结合生成氧合角鲨烯，可以提高细胞利用氧的能力，使机体的缺氧耐受力增强。第二，角鲨烯可以调控胆固醇代谢。研究发现，角鲨烯是人体胆固醇代谢的一个重要的中间代谢产物；人体摄入外源性角鲨烯，可以减少血清中胆固醇的含量。第三，角鲨烯具有抗氧化活性，可以使人的皮肤免于紫外线造成的氧化应激，从而保护皮肤。它具有抗氧化的作用，再加上对皮肤有保湿效果，因此在化妆品工业被用作润肤剂。第四，角鲨烯具有抗肿瘤活性。动物实验发现，在抑制化学诱导的啮齿类动物多种肿瘤生长方面，角鲨烯具有较好的活性。

角鲨烯自 2010 年由原国家食品药品监督管理局批准上市以来，在增强人类体质、延缓衰老、防治疾病等多方面取得了长足的发展。

鱼油类药物领军者——ω-3 脂肪酸乙酯

提起深海鱼油，想必大家都不陌生。伴随着保健品开发、宣传的热潮，在众多号称可以维护心脑血管健康的保健品中，深海鱼油呼声颇高，占有重要的地位。不过，目前仍没有任何权威资料能够证明深海鱼油具备治疗心脑血管疾病的功能。那么，同样属于深海鱼油类的 ω-3 脂肪酸乙酯究竟有何过人之处，成功跻身药品行列呢？

ω-3 脂肪酸乙酯获自深海鱼类，和鱼油膳食补充剂有类似之处，不过，它的有效成分和含量具有更好的可控性。

ω-3 脂肪酸乙酯进入人体后，可以有效降低人体血液中的胆固醇以及甘油三酯，在此基础上，使人体的血脂浓度得到有力的控制。作为脂类调节剂，ω-3 脂肪酸乙酯主要用于高甘油三酯血症的治疗。世界知名制药企业——葛兰素史克制药公司有一种商品名为 Lovaza 的药物，2004 年经美国食品药品监督管理局批准上市，它的主要成分就是 ω-3 脂肪酸乙酯。ω-3 脂肪酸乙酯就此成为第一个获批的鱼油类药物，在鱼油入药的领域成功迈出了尝试性的一步。

深海鱼油胶囊

海绵

随着现代医药的发展，越来越多的疾病难题被人类攻克，但是，恶性肿瘤仍然是困扰医药工作者的一大难题，成为当代社会中人类健康的头号"杀手"。不过，一代又一代的医药工作者前赴后继，研发出多种能够有效抑制恶性肿瘤的药物，大大延长了恶性肿瘤患者的生命，在减轻病痛的基础上提升了患者的生活质量。

阿糖胞苷、奈拉滨等当属该系列药物的个中翘楚，它们都具有抗癌（一类恶性肿瘤）的作用。那么，这一系列特效药是从哪里得来的呢？原来，上述药物的先导化合物都来自海绵，它们属于"正宗"的海洋药物派系，阿糖胞苷更是成为美国食品药品监督管理局批准上市的第一个应用于临床的海洋药物。

是植物还是动物？

提起海绵，大家眼前率先浮现的想必是用于卫浴的海绵，它们有的是人造产品，有的由天然海绵制成。许多人认为海绵是植物，这下动画片《海绵宝宝》的主角要坐不住了：我，海绵宝宝，可是正儿八经的动物啊！

动画片《海绵宝宝》中的人物

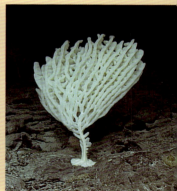

深海海绵

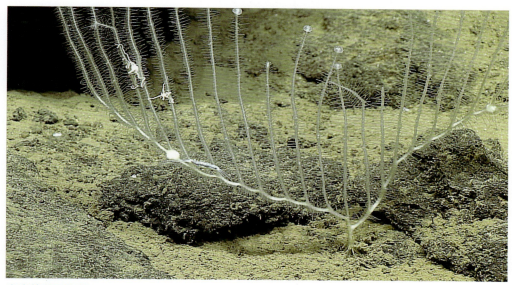

食肉的竖琴海绵

诚然，动画片中的"海绵宝宝"角色有拟人化的成分在，但不可否认的是，现实中生活在海底的海绵虽然一般情况下不会动，却是动物。

海绵是一种非常原始的多细胞动物。海绵是典型的无脊椎动物，身体构造简单，没有组织和器官的分化，它们的外形不是一成不变的。我们对海绵印象最深的一点莫过于它们身上有很多小孔，海绵也因此被称为"多孔动物"。

大家或许要问，海绵没有嘴巴，它们是怎样吃东西的呢？别忘记海绵身上密布的小孔，这些小孔就是海绵用来进食的"嘴巴"。在进食的时候，海绵会先振动体壁上的鞭毛，让海水从它们身上的小孔流进，而后再从身上较大的孔排出。就在这一吸一排间，海水中的营养物质就被留在了海绵体内来维持其生命所需。当然，海绵中也有一些进化的"佼佼者"，比如，食肉海绵就将"食谱"扩大到了海洋中的小型动物。

海洋药物开发界的优秀代表

人们与海绵"结缘"已久，早在古希腊时代，人们就懂得采集海绵，晒干后用作清洁工具。随着医学的发展，海绵越来越多的药用价值被发掘出来。目前，海绵凭借其生物碱类、萜类、大环内酯类等活性物质，已成为海洋药物开发界的优秀代表。

海绵的药用价值主要体现在抗肿瘤方面。上文提到的第一个应用于临床的海洋药物——阿糖胞苷，就是一种治疗白血病的药物。阿糖胞苷是一种 DNA 聚

注射用阿糖胞苷
0.5g

0.5g 粉针剂
10ml 稀释液
供静脉或皮下注射

阿糖胞苷

晒干后用作清洁工具的天然海绵

合酶的竞争性抑制剂，可以通过抑制肿瘤细胞的 DNA 聚合酶或阻止肿瘤细胞核酸的合成来发挥药效。阿糖胞苷的先导化合物为分别于 1945 年和 1951 年从海绵中分离得到的海绵胸腺嘧啶核苷和海绵尿嘧啶核苷。科研人员将这二者优化，有效改善了阿糖胞苷的药物活性和生物利用度，大大提高了阿糖胞苷药物的化学稳定性。

阿糖胞苷于 1969 年经美国食品药品监督管理局批准主要用于急性白血病的治疗。科研人员还发现阿糖胞苷对恶性淋巴瘤、肺癌、消化道癌等疾病也有一定的疗效。

除了阿糖胞苷，同样来源于海绵的磷酸氟达拉滨、奈拉滨、

知识点链接

先导化合物可以说是药物研究的起点，可能具有新的结构类型，具有某些种类的生物活性，可对一些生物学指标产生效果。先导化合物的获得途径主要包括从天然产物中提取、分离，模拟药物的分子，药物分子设计。

深海生物资源

深海海绵

艾瑞布林等药物在一些恶性肿瘤的治疗中也有不容小觑的效用。磷酸氟达拉滨常用于治疗白血病（慢性淋巴细胞白血病、急性髓细胞性白血病）和淋巴瘤（非霍奇金淋巴瘤），奈拉滨常用来治疗急性 T 淋巴细胞白血病，而艾瑞布林则主要用来治疗转移性乳腺癌。

知识点链接

肿瘤和癌是两个概念。肿瘤分为良性的和恶性的两大类。癌是一类恶性肿瘤，来源于上皮组织，如胃癌、大肠癌。

除了已获批准上市的抗肿瘤药物，还有许多尚在研发阶段的天然化合物，如提取自巴哈马深海海绵的圆皮海绵内酯。科研人员在 1987 年首次采集到一种圆皮海绵，于 1990 年从中分离出圆皮海绵内酯。从 1998 年开始，一系列围绕圆皮海绵内酯展开的商业研发项目得以实施。在研发过程中，科研人员发现圆皮海绵内酯具有免疫抑制、神经保护等作用。目前，科研人员正在研究圆皮海绵内酯在治疗胰腺癌和抗药性肿瘤方面的作用。

除了抗肿瘤，从海绵中提取出的活性物质在抗病毒方面也有显著的效果。来源于海绵的药物阿糖腺苷以抗病毒著称。与抗肿瘤特性相比，阿糖腺苷的抗病毒成绩更为瞩目，目前，阿糖腺苷主要用于单纯疱疹病毒的抑制。值得我们注意的是，2016 年，科研人员又发现了阿糖腺苷的心肌保护功能，而且与一些心肌保护常用药相比，它更为安全。

深海生物资源

珊瑚

提起珊瑚这个词，你眼前会浮现出色彩斑斓、姿态万千的珊瑚，还是耳畔响起流行歌曲《珊瑚海》优美的旋律？

美丽的珊瑚

珊瑚白化

珊瑚是位"艺术家"，敢于将各种颜色"穿"上身，仿佛收尽天下的美丽颜色，让人有一种"黄山归来不看岳"的尽兴之感。然而，随着全球变暖不断加剧，对于生态环境变化十分敏感的珊瑚出现大规模白化现象，让人不禁联想起《珊瑚海》中那句歌词——"错过瞬间苍白"。

面对全球范围内的珊瑚白化现象，许多国家纷纷行动起来，采取各种措施来遏制这种现象。这不仅是为了保护海洋生物赖以生存的家园，维持地球的生物多样性，还出于对人类医药开发事业的考量。

海底的"热带雨林"

既然要保护珊瑚，我们首先要对它们有一定的了解。平时"提名率"非常高的"珊瑚"其实是珊瑚虫分泌出的石灰质外壳。珊瑚形态多样，有的像树枝，有的似鹿角，有的如人的大脑……其实，珊瑚本身的色彩不算鲜艳，甚至略显单调，之所以绚丽，是因为很多共生藻类为珊瑚献上斑斓的色彩。珊瑚虫属于刺胞动物门珊瑚虫纲，身体一端长有触手。

繁荣的海底"热带雨林"

几只触手之间有口，进食和排泄都是通过这个口。

有不少珊瑚具有造礁能力。经过珊瑚虫世世代代的辛勤"建造"，一处处珊瑚礁形成，为大量的海洋生物提供了栖身场所。很多海绵、海鞘、贝类等动物选择在这里"安家"。据不完全统计，全球的珊瑚礁面积占整个海洋面积的不到1%，却"哺育"了约全球1/4的海洋生物。珊瑚礁系统的生物多样性之可观，足以媲美陆上的"热带雨林"。

古已入药，今探活性

在医学尚不发达的古代，人们就发现了珊瑚的药用价值。我国最早的官修药典《新修本草》就收录了珊瑚，《本草纲目》谓之可以"治目翳"。古人主要用珊瑚来明目、镇惊、解毒，到了生物学、药学和化学等发达的现代，珊瑚的更多药理活性被日渐发掘出来。

红珊瑚主要生活在深海，具有生长速度慢、喜低温（8℃～20℃）等特点。现代药学证明，红珊瑚具有止泻、止血、止咳、解毒等作用。此外，因为珊瑚的石灰质骨骼与人体骨骼的成分十分相近，所以红珊瑚在医学外科领域被用于接骨。

科学研究发现，从软珊瑚和柳珊瑚中提取的多种天然产物可以作为抗肿瘤和治疗心脑血管疾病药物的先导化合物，引起科研人员的广泛关注。

科研人员从软珊瑚中提取出萜类、前列腺素类、甾体类化合物，此外还有神经酰胺等。其中，二萜类是从珊瑚中分离提取的主要化合物，与从陆地生物体内分离、提取的二萜类化合物有着明显的差别。来源于珊瑚的二萜

红珊瑚

柳珊瑚

类化合物具有良好的抗肿瘤、抗病毒、抗菌等多种生物活性，为海洋新药的研发提供了方向。值得注意的是，来源于软珊瑚的二萜糖苷类化合物伪蕨素有良好的创伤修复功能。

与软珊瑚类似，科研人员从柳珊瑚中也提取出了萜类、前列腺素类、甾体类等活性物质。萜类特别是二萜类化合物在柳珊瑚提取物中最为多见。科研人员从加勒比海的一种柳珊瑚中提取出了具有抗肿瘤活性的萜类化合物。

在日本冲绳岛附近海域发现的一种鸡冠珊瑚，其天然产物具有治疗脑动脉、冠状动脉硬化以及心脏病的作用。

抑制"白化"，合理开发

珊瑚面临着海洋污染、过度捕捞以及气候变化的威胁。全球变暖导致海水温度过高，珊瑚会排出共生藻类，然后便显露出碳酸钙骨骼的白色，最终死亡。

和热带雨林一样，珊瑚礁对于全球生物多样性的维护具有非凡的意义，人们应该调整经济结构，发展环境友好型

棘软珊瑚

产业来保护生态环境。此外，纵使珊瑚具有很高的药用价值，人们也不能过度开发珊瑚，应该制定保护性的可持续开发战略，尝试用人工合成珊瑚中活性好的次级代谢产物的方法来研制新药。

深海生物资源

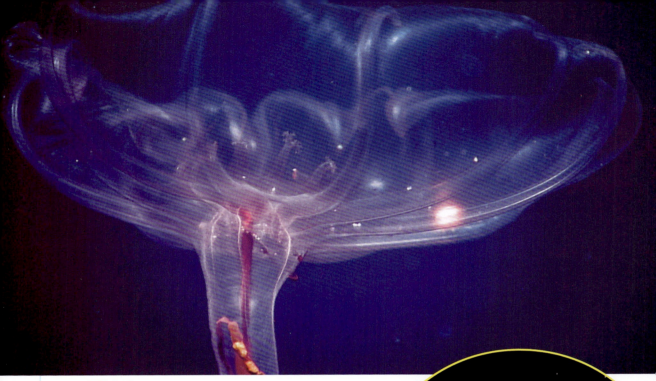

深海海参

海参

陆地有人参，海里有海参。海洋里确实生活着一类叫"海参"的生物，不过，与陆地上的植物——人参不同，海参是动物家族的一员。虽然人参是植物，海参是动物，二者有着天壤之别，但是既然担得起"参"之名，海参是不是具有可以与人参媲美的药用价值与保健效用呢？让我们来一探究竟。

深海海参

有趣的"海黄瓜"

海参属于棘皮动物，通常有着圆滚滚的身体，密布肉刺，身体上有细小的骨片。营底栖生活的海参移动速度十分缓慢。当它们趴着不动的时候，乍一看去就像是一根根黄瓜，因此，人们又称它们为"海黄瓜"。

海参虽然行动缓慢，但是在敌害来临之际并非毫无招架之力，只能任人鱼肉。平日里，海参主要取食沉积物，吸收营养，排出泥沙，以此来维持生存，但当危险

"海黄瓜"

来临之时，海参会使出"绝招"：把内脏从肛门排到体外，以此来迷惑敌害，为自己争取逃跑的时间。这种方法大有"壮士断腕"的气概，令人不禁为海参捏一把汗。神奇的是，失去内脏的海参不会因此死去，假以时日，海参能够再生出新的内脏来。

为了保障种群繁衍，除了"抛肠"惑敌外，海参还会利用很强的繁殖能力来使自己的种群免遭灭绝。据研究，一只成年海参单次排卵量就可高达500万枚。

药食同源的"践行者"

海参之"参"名副其实，其营养价值非常高，不仅因富含胶原蛋白和肌肉纤维而口感弹牙、入口软糯，还富含微量元素，是高蛋白、低脂肪、低胆固醇的代表性健康食材。因此，海参自古就被列为"海味八珍"之一。除了颇受食客的追捧外，海参还受到许多医药学家和科研人员的关注和欢迎，深刻"践行"了药食同源的理念。

我国古代的医药学家很早就发现了海参的药用价值，把它作为补益药。现代科学研究还发现了海参其他方面的一些药物活性。

科研人员发现海参体内含有抗肿瘤的活性物质——三萜皂苷，这种物质对多种肿瘤细胞有细胞毒性。

从海参体壁提取出的海参多糖对肿瘤细胞的增殖和分化具有抑制作用，还能提高机体的免疫功能，在此基础上发挥抗肿瘤作用，有着良好的应用前景。海参多糖还有抗凝血功能，在抑制血栓形成方面具有一定的应用价值。

此外，海参中还含有大量的活性肽，这类物质在提高人体免疫力、抗疲劳、抗氧化等方面具有显著的作用，还能在一定程度上降低血脂。

值得注意的是，海参大家族中有一位独特的成员——玉足海参，它凭借丰富的活性物质赢得众多科研人员的关注。从它体内提取的玉足海参多糖具有良好的免疫促进作用和抗血栓形成作用，对脑梗死患者的康复具有较好效果。截止到 2020 年年底，主要化学成分为玉足海参多糖的络通在我国处于临床 III 期研究，用于治疗缺血性脑中风和血液栓塞性疾病。

玉足海参

海鞘

　　海绵之所以被误认为植物，是因为它们的眼睛、嘴巴等动物标志性器官尚未分化出来，而且营固着生活。在缤纷的海洋中，还有一类酷似植物的动物——海鞘。海鞘的形态往往会根据种类、生活水域的差别而呈现出多样变化，有的像饱满的茄子，有的像成熟的凤梨，有的像盛开的花朵……

初识海鞘

　　与低等的多细胞动物海绵不同，海鞘属于较为高等的动物类群。海鞘属于被囊动物，种类很多，从浅海到几千米深的深海都能见到它们的踪迹。海鞘的身体被一层由纤维素、蛋白质等组成的被囊包裹着，被囊就好像一个可以保护身体不受外界侵袭的鞘，海鞘之名由此而来。在进食的时候，海鞘会利用和海绵相似的

深海生物资源

手法，让海水从体内流过，不同的是，海鞘有发达的器官，可以用鳃和肠道分别摄取海水中的氧与营养物质。

动物血液的颜色有多种，除了红色，还有蓝色、绿色等，这是因为动物血液中含有的元素不同。有些种类的海鞘就拥有绿色的血液，因为它们的血液中含有钒离子。

海鞘的成长伴随着变态。提起"变态"，你是不是想起了"小蝌蚪找妈妈"的故事？周身黝黑、长着一条长长尾巴的小蝌蚪怎么也想不到岸上身披"迷彩"、没有尾巴的青蛙会是自己的妈妈。蝌蚪发育成青蛙经历了变态，从外形到内部结构都产生了一系列变化。大多数动物经历变态发育成为成体时，身体构造都会变得更加完善、复杂，但是海鞘的变态发育是相反的。伴随着成长，海鞘幼体的尾巴、尾肌和内部的脊索会逐渐萎缩，周身的神经不断退化至只剩下一个神经节。这种让身体构造变得简单的变态被称作"逆行变态"。

既然身体"进化"得越来越简单了，那么海鞘凭借什么来抵御敌害、保住性命呢？原来，当强敌来犯，海鞘觉得生

珊瑚上的海鞘

命安全受到威胁时，就会从自己的出水孔奋力射出一股强劲的水流，用来威慑敌人、保全性命。但是，在使用喷水"技能"之后，海鞘原来的挺立状态不复存在，而呈现出绵软、倒伏的状态。

媲美海绵的"药库"

科研人员研究发现海鞘中含有大量生物活性物质，其丰富程度可以与海洋药物开发界的优秀代表——海绵一较高下。科研人员从海鞘中提取出生物碱类、肽类、萜类、大环内酯类、脂肪酸衍生物等天然产物，这些物质是抗肿瘤、抗病毒、抗炎、抗菌的有效成分。

研究证明，一些从海鞘中提取的生物碱具有一定的抑菌和抗锥虫作用，对人体的肿瘤细胞也具有较强的抑制活性。来源于海鞘的生物碱类药物曲贝替定可以用来治疗软组织肉瘤（肉瘤是起源于间叶组织的恶性肿瘤）、平滑肌肉瘤、转移性脂肪肉瘤，于2007年获得欧洲药品管理局（EMA）批准上市之后，又于2015年经美国食品药品监督管理局批准上市。从海鞘体内提取的有活性的肽类化合物具有一定的抗疟和抗人类免疫缺陷病毒（HIV）活性，在抑制人体卵巢癌细胞的增殖方面亦有较强作用。科研人员在南极海域的一种海鞘体内发现了两种萜类化合物，它们在抑菌、抗病毒和抗肿瘤方面有出色的表现。除此之外，从海鞘中提取的内酯类化合物和脂肪酸衍生物同样具有一定的抗肿瘤（如肺癌、乳腺癌）效果。

值得注意的是，科研人员还从海鞘体内发现了一种甾醇类化合物——海鞘醇，以它为主要成分的药物可以用于病毒性肝炎的治疗。截止到2017年年底，该药物在国内已进入临床前研究。

乌贼

"正统"乌贼

提起乌贼，你是不是想起了前文讲到的鱿鱼？较为常见的一类鱿鱼就叫"枪乌贼"，它和这里要讲的乌贼是不是同类呢？鱿鱼属于十腕总目枪形目，而我们在这里要讲的乌贼属于乌贼目，它们在形态上有明显的不同。

乌贼主要生活在热带和温带海域，在我国有广泛的分布，渤海、黄海、东海、南海皆有它们的踪迹。它们与大黄鱼、小黄鱼和带鱼一起被誉为"中国四大海产"。乌贼拥有袋形的外套膜。与鱿鱼相似，乌贼的触腕同样是重要的捕猎工具，但不同的是，乌贼触腕上的吸盘多为 4 行，鱿鱼触腕上的吸盘则多为 2 行。二者最大的区别在于内壳：鱿鱼的内壳由薄而透明的角质构成；而乌贼的内壳为石灰质，

雅乌贼

是乌贼特有的，被称为"海螵蛸"。海螵蛸疏松而多孔，乌贼可通过调节海螵蛸中海水和空气的比例来改变自身所处深度。

在危机四伏的深海，乌贼常常依靠变换体色来进行伪装。除此之外，乌贼还巧妙地利用墨囊内的墨汁来迷惑敌人，趁"黑"逃跑，这也是我们最熟悉的乌贼习性，乌贼也因此被俗称为"墨鱼"。

颇受中医喜爱的海洋药用生物

我国中医很早就注意到了乌贼的入药价值。《黄帝内经》《本草纲目》等医药典籍中就记载了用乌贼骨（即海螵蛸）来治疗多种血证的药方。

海螵蛸

我国主要出产虎斑乌贼、金乌贼和曼氏无针乌贼，它们也是海螵蛸的主要来源。

海螵蛸近椭圆形，后端粗钝。作为传统中药，海螵蛸在中药中占有重要地位，被《中华人民共和国药典》收载，有收敛止血、涩精止带等作用。科研人员从海螵蛸中提取出了乌贼骨多糖，这些活性物质能够止血、抗溃疡、抗病毒，

虎斑乌贼

金乌贼

具有良好的广谱抗菌和抗病毒活性。此外，从乌贼骨中提取的多糖还有明显的抗氧化作用。值得一提的是，乌贼骨多糖有一定的肿瘤细胞活性抑制作用。

除了海螵蛸，乌贼墨囊中的墨汁同样是一味传统中药。将乌贼墨烘干，研磨成粉，《本草拾遗》谓其"主血刺心痛"。现代研究发现，原来是乌贼墨中的多糖、多肽、肽聚糖、黑色素等活性物质在发挥作用。乌贼墨多糖具有抗氧化、抗肿瘤等生物活性，而且能够作为天然的抗菌防腐剂使用。乌贼墨多肽因其显著的抗肿瘤活性也愈发受到重视，被用来进行新型抗肿瘤药的研发。乌贼墨肽聚糖则具有抗病毒、抗凝血和抗肿瘤的显著作用。除此之外，科研人员发现乌贼墨的重要成分——黑色素别有妙用，它在调节人体肠道微生物群落平衡方面具有较大的潜力。

乌贼肉含有丰富的蛋白质，在许多国家是备受欢迎的食材，也具有药用价值。《名医别录》认为它能"益气强志"。

即使是乌贼制品的下脚料，也具有一定的生物活性和药用价值。乌贼内脏和乌贼皮具有抗氧化、抗炎、促进伤口愈合的作用，从乌贼眼中分离得到的透明质酸具有抗肿瘤、抗氧化、辅助伤口无痕愈合和保湿的功效，被应用于食品、药品和化妆品领域。

芋螺

美丽而危险

芋螺指腹足纲新腹足目芋螺科的物种，它们拥有与鸡心形状相似的壳，因此又被称为"鸡心螺"。虽然形状与鸡心相似，但芋螺壳的颜色要比鸡心纷纭、绚丽得多，上面往往点缀着云状斑、圆点、线等图案。正是由于芋螺壳具有美丽的形态，贝壳收藏爱好者将其奉为至宝。例如，海荣芋螺主要生活在所罗门群岛附近海域，壳上遍布漂亮的网状纹路，而且海荣芋螺稀有，因此被认为是"世界上最珍贵的贝壳"。

芋螺是古老的海洋生物之一。行动缓慢的芋螺是如何跨越地球漫长的演进史，在危机重重的海洋抵御敌害、繁衍至今的呢？原来，美丽的芋螺大都含有毒素，利用毒素来保护自己和捕食。

芋螺是个大家族，现存超过 800 种，几乎每一种芋螺都含有毒素。芋螺毒素的变异度很高，即使同一种芋螺的不同个体，也可能含有不同的毒素。芋螺的"食谱"十分广泛，鱼类、螺类、沙蚕等皆可入其口，人们就按照芋螺不同的食性把它们分为食鱼芋螺、食螺芋螺、食虫芋螺三大类。在捕食的时候，芋螺把身体埋伏在

海荣芋螺

沙子里，当猎物靠近时，芋螺会迅速将带有毒液的齿舌深深地刺入猎物体内，整个过程约需 250 毫秒。毒液进入猎物体内之后能够在 50 毫秒内迅速发挥作用，而且毒性很强，哪怕是一个成年人也难以招架。因毒性发作用时很短，中毒者往往没被送到医院就已殒命。

巧妙利用，以毒攻毒

芋螺毒液由毒液管和毒腺分泌，是蛋白质毒素，直接作用于神经系统和特定肌肉群，具有较强的神经麻痹作用，作用对象一经中毒便失去活动能力。科研人员很早就注意到了芋螺蕴藏丰富的"毒素库"，他们把芋螺毒液中一类有生物活性的肽类毒素统称为"芋螺毒素"，但直到 20 世纪 80 年代初，科研人员才发现了芋螺毒素的药理学活性。

20 世纪 70 年代，美国犹他大学的一位富有探索精神的大学生克拉克在做实验时另辟蹊径，创造性地用颅腔注射法使芋螺毒素直接作用于实验鼠的中枢神经系统，因而发现了不同的芋螺毒素让实验鼠产生不同的反应，即效果不同。经过多年的研究，科研人员发现芋螺毒素至少具有镇痛、抗癫痫、抗肿瘤的作用，芋螺毒素在神经科学领域大放异彩。来源于芋螺毒素的药物——齐考诺肽具有优良的镇痛作用，已于 2004 年经美国食品药品监督管理局批准上市。

美丽的芋螺壳

多种芋螺壳

因为芋螺毒素具有多样性，且与受体结合之后往往呈现出高度的特异性，具有多种药理活性，所以芋螺毒素相关药物的研发具有广阔的前景。科研人员利用纯化或基因分离手段从芋螺体内提取、分离毒素，把它作为天然药物或药物研发的先导化合物。

我国对来源于周边海域芋螺的芋螺毒素的研究与开发虽然起步较晚，但成果喜人。比如，我国科研人员发现芋螺毒素 SO3 对慢性神经痛有良好的镇痛作用。近年来，我国科研人员深刻认识到芋螺毒素的重要性，大力开展其生物化学、生理学相关研究，对于我国海洋药物产业发展具有深远意义。

海蛞蝓

多姿多彩的海蛞蝓

兔子十分可爱，受到人们的喜爱，因此，哪怕在寂静、冷清的遥远"月宫"，浪漫的人们怕嫦娥独身寂寞，也要为她安排一个"宠物"——玉兔相伴左右。其实，在幽深的海洋里，同样生活着一类酷似兔子的动物——海蛞蝓。

海蛞蝓是一类软体动物，是裸鳃目的成员。原本它们也是拥有坚硬的壳的，但是壳的用处不大，随着个体生长而逐渐退化。海蛞蝓身体前部长着一对嗅角——嗅角竖立起来时，活像兔子的一双长耳朵，又像一对牛角，因此海蛞蝓被形象地称为"海兔""海牛"。海蛞蝓的嗅角行使着触觉、嗅觉和味觉功能，是觅食的好帮手。

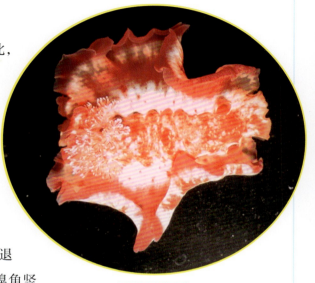

"西班牙舞者"

海蛞蝓拥有软体动物惯有的柔软身躯，体表长有羽毛状的器官，那便是它用来呼吸的裸鳃。有一种叫作"西班牙舞者"的海蛞蝓，在水里畅游时，仿佛身穿绚丽百褶裙的舞者，为观者献上曼妙的舞姿，让人充满遐想、叹为观止。

你一定很好奇，海蛞蝓是如何抵御敌害、繁衍生息的呢？其实，在这方面海蛞蝓颇有"奇招"，总结起来主要有三大"秘技"：雌雄同体、变色、化学防御。

在繁殖期，海蛞蝓会几只甚至十几只连成一列，展开交尾活动。在这个过程中，除了首、尾两只海蛞蝓只充当雌性或雄性外，中间的海蛞蝓都承担着双性角色。

当敌害来袭时，海蛞蝓会采取防御策略来保护自身。海蛞蝓主要吞食各类海藻，它们物尽其用，把吞下的海藻的代谢产物转化为自己的"生化武器"，在遇到危险时释放出来，主动防御。有的海蛞蝓会改变形态、体色和纹路，伪装得与周边环境一致，以此来躲避敌害。

肿瘤细胞"杀手"

人们对于海蛞蝓药用价值的认识是一个漫长的渐进的过程。

我国的海蛞蝓主要分布在东南海域。在我国古代，东南沿海地区的人

海蛞蝓

们就发现了海蛞蝓的妙用。人们在海蛞蝓产卵时节把竹竿插入海中，让海蛞蝓在上面产卵，之后把卵取出、晒干，用来清热消痰，颇有裨益。

20 世纪中后期，世界上发现了多例海水浴后出现的皮炎，科研人员发现这种疾病是由一种毒素所致，因为该毒素最早在食藻类的长尾背肛海兔的消化腺中被发现，所以人们把它命名为"海兔毒素"。其实，该毒素来自巨大鞘丝藻，通过食物链蓄积在摄食这种藻的动物体内。

科研人员从海蛞蝓体内提取出多种物质，如萜类、大环内酯类以及肽类化合物，其中，肽类化合物的活性最为亮眼。科研人员经过实验发现，一些从海蛞蝓体内提取的肽类化合物能够通过干扰肿瘤细胞的有丝分裂过程来抑制肿瘤细胞的增殖，还可以诱导多种肿瘤细胞凋亡。海兔毒素 10 就是一种肽类化合物，被研究得较多。实验发现它对小细胞肺癌细胞、非霍奇金淋巴瘤细胞等有较好的抑制作用。目前，海兔毒素单抗偶联物泊仁妥西凡多汀主要用于淋巴瘤的临床治疗，它于 2011 年和 2012 年先后经美国食品药品监督管理局和欧洲药品管理局批准上市。另外，多个用于恶性肿瘤治疗的来源于海蛞蝓的药物处于临床研究阶段。

深海微生物

生活在极端环境中的深海微生物

瑰奇的自然界孕育出璀璨的生命。除了我们肉眼可见的生命系统，在奇特的微观世界，还存在着一个繁荣的微生物"王国"。微生物之"微"在于它们的构造简单、形体微小。我们观察微生物常常需要通过高倍显微镜。令人意外的是，微生物虽小，但往往具备一定的能够发挥生理功能的形态结构。

自然界中的微生物主要有原核类、真核类、非细胞类等。微生物几乎遍及我们所知的各种环

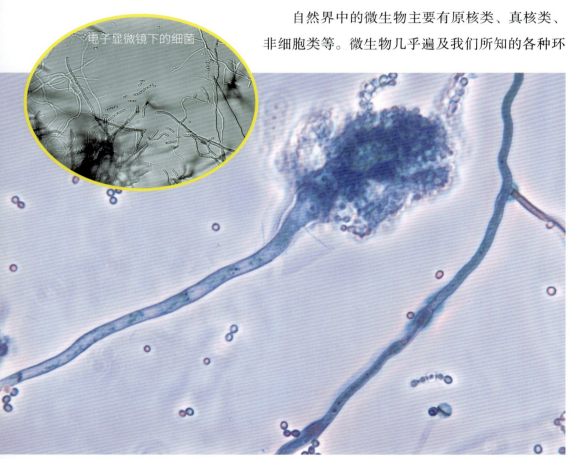

电子显微镜下的细菌

电子显微镜下的真菌

境，哪怕是被视作生命禁区的极端环境。深海环境可谓是极端环境中的极端，它的高压、高盐、低温、低营养的特性使许多生物"望而却步"，但是微生物在此"落地生根"。

深海微生物主要生活在深海海水和深海海底沉积物中，影响其分布密度的因素主要有与陆地的距离、海水深度以及所处海域的环境特点等，除此之外，其分布还受到溶解氧浓度、季节、有机物含量以及纬度的影响。深海具有高盐特点，但深海微生物能在此生存繁衍，有的甚至演变出嗜盐的特点，需要钠离子和氯离子才能维持细胞膜功能。此外，耐压、厌氧和嗜冷也是它们用来对抗深海极端环境的有力"武器"。有趣的是，科研人员发现一些深海微生物还能够产生色素。

独特的生活环境造就了深海微生物独特的代谢方式和活性，因此它们具有很大的科研价值，在工业、医药、环境保护等方面都有可观的社会价值和经济价值。

泽被千秋的医药资源库

上文介绍了海绵的药用价值十分瞩目。需要注意的是，除了海绵自身所带的活性物质以外，还有许多独特的活性物质正是由与海绵共生的微生物产生的。

在适应深海环境与演化的过程中，深海微生物逐渐形成了特殊的生物结构和代谢机制，于是产生了新颖的次级代谢产物。在研究中，许多陆地上未见的结构独特、活性显著的次级代谢产物陆续被发现，科研人员从这些次级代谢产物中分离、提取化合物并对其深入研究，最终发现了许多新型药物先导化合物。

科研人员从种类繁多的海洋微生物中发现的萜类、生物碱类、大环内酯类、肽类等次级代谢产物，往往具有抗肿瘤、抗菌、抗病毒、抗真菌和抗炎的活性，此外，这些化合物还具有特殊的酶抑制活性和中枢神经系统抑制活性。目前已上市并应用于临床治疗的源自海洋微生物的药物有很多，主要代表有利福平和头孢菌素 C。前者的生物来源为海洋细

来源于海洋微生物次级代谢产物的药物的研究过程

菌，用于治疗结核杆菌感染；后者是从一种海洋真菌中提取的，主要用来治疗细菌感染。

科研人员从在深海极端环境下生活着的微生物中找到了具有多种生物和药理活性的物质。例如，来源于深海沉积物的假单胞菌 DY-A 菌株具有嗜冷的特性，科研人员从该菌株中提取出一种蛋白酶，可以用来处理烧伤、脓肿，还可以用来制作溶血栓剂和清洁剂。同样来源于深海沉积物的交替单胞菌 SB-1123 菌株中含有环铁离子载体物质，该物质可诱导人体巨噬细胞对某种肿瘤细胞的溶解作用，而且它自身也可以抑制肿瘤细胞的生长。此外，还有一种与深海动物共生的耐冷、嗜压的发光杆菌 SS9 菌株，它能够产生对人体有益的不饱和脂肪酸 EPA。

当前，许多国家研究与开发来源于海洋微生物尤其是深海微生物的药物，一大批相关药物即将上市或正处于临床试验阶段。例如，从海洋放线菌中发现的有

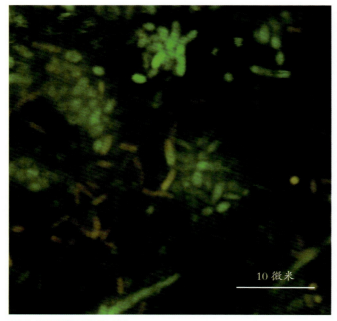

激光共聚焦显微镜下的 *Photobacterium profundum* SS9

望成为抗肿瘤药物先导化合物的 Salinosporamide A，科研人员利用它来进行针对非小细胞肺癌、胰腺癌、黑色素瘤、淋巴瘤以及多发性骨髓瘤治疗的试验，目前其针对恶性胶质瘤的试验已进入临床Ⅲ期研究。

深海生物资源研究现状与展望　▶▶▶

深海生物资源研究现状

食用生物资源：保障我们的"菜篮子"

改革开放以来，我国经济飞速发展，人民的收入水平得到大幅提升，餐桌上的食物逐渐丰富起来，肉、蛋、奶、海产品和蔬菜走入千家万户。为了缓解我国副食品供应区域不协调的矛盾，国家自 1988 年提出建设"菜篮子工程"，我国人民的饮食更加多元化，营养更加均衡了。

我国人民自古就有"靠山吃山，靠海吃海"的朴素生存观念。随着交通设施、捕捞养殖技术的发展与完善，海鲜这一区域性很强的品类产量和进口量不断提高，远在内陆地区的人们也有机会一品珍馐。

"菜篮子"中的海鲜

捕捞船

　　从鱼类、虾蟹类到贝类、藻类，海产品品种繁多，还可以为人类提供多种营养物质。

　　我国拥有较为丰富的渔业资源。改革开放以来，我国渔业得到了前所未有的发展，年产量一度位居世界第一，为社会发展带来了很大的经济效益。但需要看到的是，我国海洋渔业发展还存在结构、技术等方面的许多问题。我国在渔业产量和出口量方面虽然算得上"渔业大国"，但远非"渔业强国"，这是因为我国在海产品加工和综合利用方面还存在很多短板，与发达国家差距较大。综合来看，我国海洋渔业主要存在海产品加工率较低、加工技术落后、废弃物综合利用率不高等问题，这些不仅不利于我国海产品市场竞争力的提高，有碍经济效益的发挥，还会影响我国海洋渔业的转型升级与长远发展。

我国深海食用生物资源亟待深层次开发。在我国蕴藏丰富的深海食用生物资源中，深海鱼种类最多。随着消费观念的更新，人们对健康饮食的诉求越来越高。深海鱼作为优质蛋白质的重要来源，其深度开发受到人们的广泛关注，日本、挪威、冰岛、秘鲁等国家已走在该项目的前列。我国相关资源的深度开发尚不足以满足市场的需求，大部分高纯度产品仍然需要进口。因此，为了我国海洋渔业产业结构的完善，我们应该围绕鱼粉、鱼油、鱼胶、鱼肝油等展开深层次研发，提高深海鱼的经济附加值。

药用生物资源：利千秋，功万代

人们利用海洋生物治病由来已久，拥有勇于探索自然奥秘精神的我国古人也在日常的生产、生活中发现了不少海洋生物的药用价值。我国可以算作世界上较早将海洋生物入药的国家，我国现存最早的医学典籍——《黄帝内经》中就有相关记载。

随着世界基础科学的革命性发展，科研人员掌握了从海洋生物中分离和提取化合物的先进技术。1945 年，科研人员从海洋污泥中分离得到一种真菌，在其次

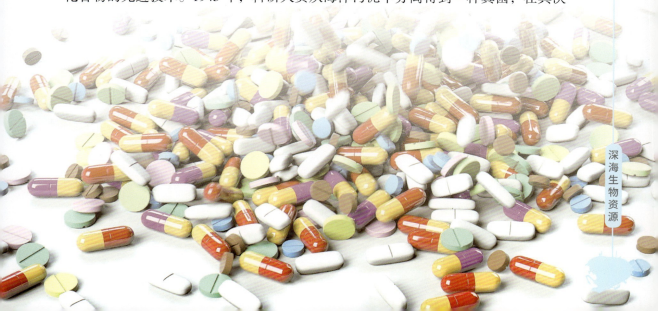

深海生物资源

级代谢产物中发现了头孢菌素，并将其用作抗生素。1967 年，首届国际海洋药物学术研讨会在美国召开，自此，系统开发海洋药物被许多国家提上日程。美国、日本和欧盟等发达国家和组织走在前列，每年投入大量科研资金，开展广泛的合作，促使海洋药物开发迅速走向繁盛。

由于一些历史性的原因，我国的海洋药物研发产业起步较晚。1979 年 7 月，全国首次海洋药物座谈会召开。自此，开发海洋生物药品、建设海洋生物医药产业，被国家提到了前所未有的战略高度。我国海洋药物的研发项目乘着国家科学技术发展规划的东风，一路扬帆纵横，相关学者、科研机构、学术组织如雨后春笋般涌现，取得了一系列重要研究成果。

数十年来，科研人员围绕海洋生物发现逾一万种天然产物（其中拥有药理活性的化合物接近总数的 50%），从

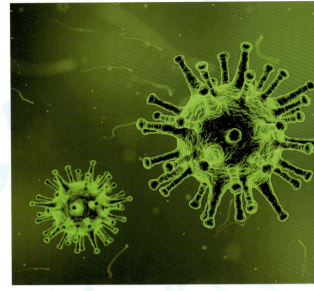

令人头疼的病毒

中发现了一大批具有抗肿瘤、抗病毒、抗真菌等药物活性的先导化合物。我国大量海洋药物专著的出版也起了很大的助推作用。科研人员围绕具有新颖活性的先导化合物展开系统实验，开发出一系列海洋中（成）药、现代药等。需要注意的是，一些天然产物存在含量低、采集困难等弊端，等待着相关技术难题的进一步攻克。

生物基因资源：探索生命的奥秘

古语道："兵马未动，粮草先行。"要保障人类的"菜篮子"，开发新型的海洋药物，乃至发展绿色和蓝色农业等都需要有一个蕴藏丰厚的"粮草库"支持，深海生物基因库应势而生。

人类关注深海生物基因资源，要追溯到1977年美国"阿尔文"号载人深潜器在太平洋深海热液区发现的完全不依靠光合作用的生态系统。这一发现刷新了人类对于生命生存环境的认知。随着相关研究进一步展开，生命的奥秘不断被揭开。冷泉、鲸落等独特的深海生态系统孕育着丰富的生物基因资源。深海生物的多样性、复杂性和特殊性为其赢得了世界各国的广泛关注，深海生物被公认为是未来重要的基因资源储备库。

"阿尔文"号载人深潜器

奇妙的生物基因

人类目前只是窥得深海生物基因资源的冰山一角，就已经能预估出其蕴含的巨大经济和社会价值，围绕深海生物基因资源开发利用展开的角逐已成为当今世界的热点。作为战略资源储备和新兴产业，深海生物基因资源攸关国家发展和安全等重大利益。

目前，美国、日本等国在相关领域占据领先地位。我国在相关领域取得一系列喜人成果，正在逐步缩小与技术先进国家的差距。这些显著的进步主要体现在以下几个方面。第一，我国深海调查能力与分析技术显著提高，以"蛟龙"号为代表的一系列先进设备大大提升了我国在深海领域的探测研究能力。第二，基础研究成绩斐然。我国已发现并报道了多个深海生物的新种和新记录种，完成100多个深海微生物新物种鉴定，围绕超过200株深海菌展开基因组测序分析。第三，全面开展域内资源开发潜力评估，目前我国已完成超过4 000株深海菌在多个领域的潜力评价。第四，专利技术成果丰硕。我国已完成200多项专利的申请，不少成果已经实现产业化。第五，深海生物基因库与平台建设成效显著。以上进展都有利于进一步提高我国在深海生物基因资源方面的国际竞争力和话语权，绘就我国"蓝色经济"的美好蓝图。

深海生物资源研究展望

开发类型与模式

随着深海生物产品市场不断扩大，深海生物产业呈现出一定的供需矛盾，加之大量捕捞不利于生态平衡和产业的可持续发展，充满智慧的人们开启了"驯养"深海水产经济动物的历程。

人工养殖具有经济价值的深海动物，可以在一定程度上提高产量，摆脱时令、品相、捕捞技术等的束缚，为深海生物产业的"开疆拓土"做好保障。人们借鉴已有的滩涂养殖和浅海养殖技术与经验，把海水养殖产业拓展到深海领域。

深海养殖模式克服了浅海养殖模式的一些缺点。以鱼类养殖为例，深海受到的人为污染较少；网箱中环境较稳定，且能保证鱼类有较大的活动范围；深海养殖能为鱼类提供绿色、健康的自然饵料。基于以上几点，在深海网箱中养殖出来的鱼更加鲜嫩。

当然，深海养殖也存在着一些无法回避的问题。当前深海养殖主要采取投放网箱或养殖笼的方法，对所用的设备有更高的要求。人们在因地制宜、与自然和谐相处的过程中推动深海养殖技术的逐步成熟，最新开发的深海养殖网箱配备有自动投饵和雷达监测系统等先进设施，自动化程度很高。

警惕生态变化，合理开发资源

海洋张开她宽阔的臂膀，慷慨地拥抱人类，为人类生存和发展不断提供丰富的生物资源。这些丰富的生物资源有着广阔的开发利用空间与前景。

需要注意的是，我国的深海生物产业存在着一些亟待解决的重大问题。例如，相关研发机构与平台不够健全，人才储备不足，资金投入不够，与世界先进水平相比还有较大差距。就产业自身而言，我国资源库现有存量明显不均衡，相关法律法规未及时响应国际热点问题，产业化推进机制欠缺。针对这些问题，

深海网箱

深海生物资源

国内相关专家积极建言献策，从战略层面做好产业顶层设计，整合优质研发团队，形成科研合力；国家引导研发团队与企业接轨、政府和民间资本双向支持，在此基础上，秉持全球战略目光，紧跟国际热点问题，加强国际合作与交流。

我们取用海洋母亲奉献的资源时，也要警惕人类活动对海洋生态环境的破坏。虽然目前深海采矿活动尚处于调研阶段，但是如果不采取有效措施，可能会对深海生态环境产生不利影响。而且，商业化、大规模的过度捕捞也是深海生物种群延续的严重威胁。除此之外，全球范围的气候变化也在对深海生物赖以生存的环境产生显著影响。因此，我们在开发某一深海生物资源之前，应该认识到环境风险评估的必要性。

合理、科学地开发利用深海生物资源关系到人类的未来。让我们乘科学之舟，徜徉深海，拥抱极限环境中的生命精灵！

深海矿产资源

　　翻开中华民族绚烂文明的篇章，可以看到千百年来人们对苍穹和大海的美丽想象。"可上九天揽月，可下五洋捉鳖"曾经是遥不可及的梦想。随着航天飞船的升空，浩瀚的宇宙画卷徐徐展开；伴着科学考察船的征程，深海的秘密被逐渐解开。

海洋是一座宝库，种类繁多的深海矿产蕴藏其中，等待着人们前去探究。乘坐"蛟龙"号进入深海，可以看到像冰块儿一样的可燃冰、像黑色石头一般的富钴结壳、形态多样的多金属结核以及冒着热气的海中"黑烟囱"……深海中的资源神秘而丰富，每一块岩石、每一种矿物都值得我们去深入了解。就让我们跟随"蛟龙"号，开启一场神奇的深海探险吧！

海洋石油和天然气 ▶▶▶

海底有"黄金"

要形容一件东西宝贵，我们会说它像黄金一样。在深不可测的海底世界，有像黄金一样价值连城的矿藏，它们就是海洋石油和天然气（下称"海洋油气"）。

海洋石油埋藏在海洋底层以下的沉积岩和沉积物中。和它"相依为命"的，是它的"兄弟"天然气，它们一起"生活"在海洋中的大陆架和大陆坡下面。之所以被称为"海底黄金"，是因为它们有很高的利用价值，是生活中不可缺少的能源。

石油被广泛应用于许多领域。它能够被制成燃油，供汽车、飞机、轮船等交通工具使用；塑料盆、塑料水瓶等各种塑料制品的原料也大都来自石油；石油加工产生的衍生物，被广泛应用在

石油

服装、医药、汽车修理、清洁领域；更令人想不到的是，就连食物的保鲜、染色都离不开石油。看起来其貌不扬的石油竟然有这么大的用途，离开了石油，我们的生活一定会少了许多方便。

再来看它的"兄弟"天然气。从广义上讲，天然气是天然存在的所有气体。我们平时所讲的天然气是一种能源，是以烃类为主的气体混合物，天然地蕴藏于地层中。

天然气有什么用处呢？天然气的最主要用处是发电。它是性价比非常高的发电原料，发电效率高，成本低。天然气还是重要的化工原料，也可以应用于造纸、采石、冶金等，还能用于干燥脱水处理。天然气汽车排放出的污染物远远少于燃烧汽油和柴油的汽车排放出的污染物。

石油和天然气用途多样，成为国际上极其重要的战略资源。如今易采的石油和天然气资源日渐枯竭，陆地和浅海的存储量已经无法满足人类的需要。一场没

石油的多种用途

有硝烟的深海油气争夺战已然拉开序幕，许多国家都开始向深海进军，加紧对深海油气的勘探和开采。

海洋油气的形成

海洋油气是大自然馈赠给人类的宝藏。它们是从何而来、如何形成的呢？

海洋生物做原料

海洋油气的故事要从遥远的几千万年甚至上亿年前说起。

在浅海地区，生活着许许多多海洋生物，如鱼类、浮游生物和软体动物。它们以海水中的营养物质为生，经过一代代繁殖，家族逐渐庞大起来。在它们死后，它们的遗体随着江河中入海的泥沙一起沉积下来，形成大量的有机淤泥，年复一年被掩埋在海底，等待人们发掘。

海洋中的有机物数量繁多，但它们大部分是海洋生物的食物，只有小部分沉积下来成为海洋油气源。海洋生物的遗体是海洋油气的源头，为海洋油气的形成提供了丰富的原材料。

分解沉积不可少

油气资源的形成需要长期的演变和特定条件。被埋藏的生物遗体与空气隔绝，在漫长的地质时期中，经过周围岩层的压力、升高的温度和细菌的作用而逐渐分解，最终变成了分散的油气。

河海沉淀下来的有机淤泥经过压实和固结作用后，变成了沉积岩。油气轻于附近的沉积岩，它们向上渗透到沉积岩的孔隙中，就像水钻入蓬松的海绵。

沉积岩

藏在沉积岩中的油气不会流失，形成生油岩层，长期缓慢地沉降在大陆架浅海区。

油气"仓库"是背斜

生油岩层并不是油气真正的故乡。沉积物不断堆积，沉积岩变成了形状似盆的沉积盆地。地壳在数百万年的时间里不断运动，海底发生了翻天覆地的变化，沧海成桑田。低洼的盆地上升为高山，水平状的沉积岩层出现了断裂和褶皱，向上拱起的部分叫"背斜"，向下弯曲的部分叫"向斜"。

背斜向上凸起，形成了较大的空间，适宜油气"居住"，于是它们从生油岩层集体"跑"到了背斜中，形成了油气的富集区域。背斜构造成为储集油气的"仓库"，在石油地质学上叫"储油构造"。只要能找到储油构造，就有可能

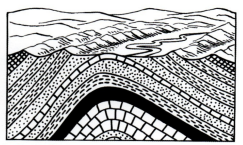
背斜示意图

深海矿产资源

找到油气藏。油气藏是聚集一定数量油气的圈闭，是油气在地壳中聚集的基本单位。油气藏往往是多种类型复合出现的，多个油气藏组合就形成油气田。

从海洋生物到油气，经历了漫长的时间和复杂的演变。海洋油气的形成是一个有趣的过程，更多的奥秘还等着我们去深入地研究。

海洋油气的分布

世界海洋油气资源丰富。据估计，海洋石油资源量大约占世界石油资源总量的34%。目前，浅海是油气资源开发的主场，随着勘探水平的提高，未来主场将会转向深海。

海洋油气资源"深藏不露"，我们该去哪儿寻找它们呢？其实它们对分布地区的要求就像我们对居住环境的要求一样，有着各种各样的条件，真可以用"挑剔"来形容了。

不同地形差异大

在世界海洋中，不同的地形区含有的油气量大相径庭，开发前景也有很大的区别。

深海洋盆区

什么是洋盆？顾名思义，洋盆就是海洋中的盆地，是圆形或椭圆形的海中凹地，周围是较高的海底山脉和海岭。洋盆构成了大洋的主体。

深海洋盆区上覆盖的沉积层一般较薄（平均厚度为0.5千米），那里地温偏低，有机质含量较低，大多是水平堆积，沉积物粒度较细，不能为储集油气提供良好的环境，油气资源量较少，开发远景并不广阔。

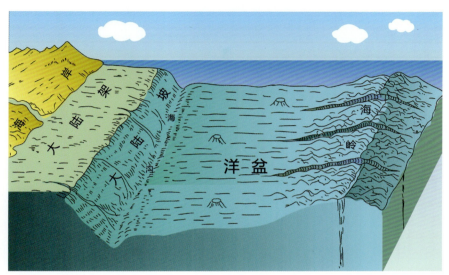

洋盆示意图

大洋中脊

大洋中脊又叫"中央海岭"，是世界上最长、最宽的环球性洋中山系，它们贯穿全球四大洋，成因相同，特征相似。大洋中脊顶部地温高，形成油气的温度条件充分，但沉积层很薄甚至缺失，并不是油气的理想"居所"。

大陆边缘

从地质学的角度看，浅水区域位于海洋的边缘，部分陆地被海水淹没，叫作"大陆边缘"。大陆边缘由大陆架、大陆坡和大陆基组成，大陆架是其中的主要部分。同样是大陆边缘，却分出了主动型大陆边缘和被动型大陆边缘两类，这是为什么呢？

主动型大陆边缘的别称为"太平洋型大陆边缘"或"活动型大陆边缘"，是

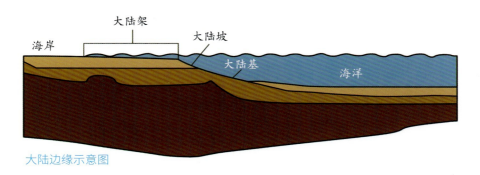

大陆边缘示意图

具有海沟－岛弧－边缘海盆体系的大陆边缘。从名字就可以看出，主动型大陆边缘"性格"活泼好动，常常发生火山活动和地震。被动型大陆边缘又称"大西洋型大陆边缘"，和主动型大陆边缘"性格"互补，因此也被叫作"稳定型大陆边缘"。

在一些被动型大陆边缘的外侧，陆缘沉积物堆积深厚，并延伸至深海，油气资源就藏在此处。一些海岭（如科科斯海岭、鲸海岭、纳斯卡海岭）从大陆边缘延伸至洋盆区，周围形成了一定厚度的沉积层，也有发现油气的可能。

富集区域在哪里

看过不同地形区的油气前景，你知道最适于储集油气的地方是哪里吗？

大陆破裂阶段是被动型大陆边缘发育的早期，这一时期环境较为封闭，非常适合有机质储集；部分小洋盆环境封闭，海水流动性不高，是沉积物容易沉积的区域。因此，大陆边缘、小洋盆等地区成为油气的聚集区。

大陆架是海上油气田分布最多的位置。大陆架有着得天独厚的优势：有机质丰富，快速沉积和沉降便于有机物保存；地温较高，促进了有机物向油气转化；储油层具有多孔性和渗透性，有利于生油岩中烃类的排出和运移；构造运动使多种类型的圈闭得以形成；沉积盖层较厚，能够避免油气散失。

大陆架在油气形成方面有天然的优势，而且这一区域的海水相对较浅，开发起来难度较低，因此人们主要在大陆架进行油气的开采。

世界范围看分布

和陆上油气资源一样，海洋油气资源的分布是不均衡的。从世界范围看，海洋油气的分布呈现区块化的特点。整体来看，全球海洋油气资源潜力巨大，勘测前景良好。

世界八大海洋石油产区集中了大部分的海洋油气资源，各有特色。

波斯湾

波斯湾处于伊朗高原和阿拉伯半岛之间，是世界上海洋石油资源最丰富的区域。它跨越了多个国家管辖的海域，而油气资源主要集中在伊朗和卡塔尔两国的海域之内。

波斯湾海洋油气资源储量大，平均每个油田储量达 3.5 亿吨，开采难度小，开采成本较低。

波斯湾风光

深海矿产资源

墨西哥湾

墨西哥湾是北美洲大陆东南部的沿海水域，其大陆架储集了大量海洋油气。

墨西哥湾海洋油气主要分布在坎佩切湾、美国得克萨斯州和路易斯安那州沿海。墨西哥湾油气勘探不断向深水区（水深超过 300 米）发展。

北海油田

北海油田是介于大不列颠岛和欧洲大陆西北部的海底油田，是欧洲重要的海洋油气产区，也是世界著名的石油集中出产区。这里油气资源储量丰富，产量稳定，产出的油气为英国、挪威、荷兰、丹麦等国所有。

马拉开波湖

马拉开波湖位于委内瑞拉，与委内瑞拉湾相连，是南美洲最大的湖泊。它有一个有趣的别称——"石油湖"，从这个名字就可见其石油储量之多。仅仅这一个湖的石油产量一度约占委内瑞拉石油总产量的 2/3。可以说马拉开波湖是世界上非常富饶、集中的产油区之一。

墨西哥湾

马拉开波湖

里海沿岸

里海

提到里海，大家并不陌生，它是世界上最大的咸水湖，也是世界上最大的湖泊，位于欧洲和亚洲的交界处。海洋油气也聚集于里海区域，它们是这一地区非常重要的资源。据估计，里海有超过 2 500 亿桶（桶为原油计量单位，1 桶为 159 升）可开采的石油，约 6.57 万亿立方米天然气。目前里海的很多区域仍旧处于石油勘查阶段，其油气资源尚未被大量开发。

几内亚湾

几内亚湾是非洲最大的海湾，位于西非海岸外，其石油地质储量估计超过 800 亿桶。值得注意的是，西非深水油气资源占西非海域油气资源的 45%。

有能源机构专家预测，未来西非海洋的石油产量将超过北海油田。几内亚湾海洋油气资源的勘探和开采起步时间较晚，并且周边国家由于经济与技术实力相对较弱，还不能大规模开采油气资源，但是几内亚湾海洋油气资源的开发前景广阔。

深海矿产资源

北极

北极

在遥远的地球最北端，人们发现了海洋油气资源的存在。由于北极气候条件恶劣，目前人们无法准确地估计那里的油气储量，海洋油气开采也没有太大进展。俄罗斯石油公司曾在北极海域发现超级油田。据估计，北极地区的石油储量可能会超过墨西哥湾。

巴西深水油气区

巴西享有"足球王国"的美誉，但作为南美洲第一大国，它的石油产量一度少得可怜，这种情况在几个超级深水油田被发现后得到了改善。2007 年，巴西在里约热内卢附近海域盆地发现了储量高达 50 亿 ~ 70 亿桶的深水油田；2012 年，在桑托斯盆地又发现新的深水石油储藏。这两个宝藏的发现让巴西跻身全球重要石油大国行列。

已发现的巴西深水油气田数量多，储量大，可采储量处于世界领先地位。美中不足的是，巴西深水油气区水深最深超过 4 000 米，勘探和开采环境恶劣，成本高，难度和风险都非常大。

巴西里约热内卢

我国油气知多少

如此重要的海洋油气资源在我国的储存和分布情况又是怎样的呢？

我国拥有辽阔的海域和大陆架，是海洋油气资源储备较为丰富的国家之一。

总体来看，我国海洋油气资源主要分布在渤海、南黄海、东海和南海。根据第三次石油资源评价结果，我国海洋石油资源量为 246 亿吨，约占我国石油资源总量的 23%；我国海洋天然气资源量是 16 万亿立方米，约占我国天然气资源总量的 30%。

我国近海分布着一系列沉积盆地，科研人员经过多年的勘查，发现这些沉积盆地蕴含着丰富的油气资源，是我国海洋油气考察的宝地。根据 2015 年全国油气资源动态评价结果，我国海域内 30 个盆地的石油地质资源量为 490 亿吨，天然气地质资源量为 65.5 万亿立方米。

让我们具体来了解一下我国不同海域的油气资源状况。

东海油气田

渤海油气盆地

渤海油气盆地是华北盆地新生代沉积中心，其沉积厚度超过 10 000 米。14个构造带和 230 多个局部构造存在于渤海海域内，因此渤海的油气资源丰富。其石油的地质资源量为 110.29 亿吨，天然气的地质资源量为 1.297 7 万亿立方米。

在渤海湾地区已发现多个亿吨级油田，其中，蓬莱 19-3 油田位于渤海中部，是目前我国最大的海上油田，也是目前我国第二大整装油田，其探明地质储量达 10 亿吨，可采储量为 6 亿吨，仅次于大庆油田。渤海海上油田是我国海洋油气资源增长的主体，对我国油气事业的发展功不可没。

南黄海油气盆地

南黄海油气盆地是中、新生代沉积盆地，是苏北含油气盆地向黄海延伸的部分，与苏北含油气盆地共同组成了苏北 – 南黄海含油气盆地。

南黄海油气盆地北部有 8 个凹陷、5 个凸起、9 个构造带，中、新生代沉积厚度超过 4 000 米，具备很好的储油条件。盆地南部的中、新生代的沉积厚度大都超过 5 000 米。盆地内石油的地质资源量为 7.34 亿吨，天然气的地质资源量为 1 847 亿立方米。开发前景广阔。

东海油气盆地

东海油气盆地是白垩纪 – 第三纪形成的大型含油气盆地，是我国近海已发现的面积最大、开发远景最好的沉积盆地。该盆地石油的地质资源量为 2.73 亿吨，天然气的地质资源量为 6.047 9 万亿立方米。

我国从 20 世纪 80 年代就在东海勘探油气了，已发现春晓、残雪、断桥、平湖等油气田，并在其中一些油气田获得了高产工业油气流。

南海

了解了几个区域的油气盆地后，我们再来了解一下南海。你是否听过南海的一些有趣的称号，如"石油宝库""第二个波斯湾"？

南海有多个沉积盆地，如北部湾盆

地、珠江口盆地、琼东南盆地、莺歌海盆地，形成石油的条件好，石油储量大，因此南海被称为"石油宝库"。在南海的数个沉积盆地中，仅珠江口盆地的石油和天然气地质资源量就分别达到 74.32 亿吨、2.995 8 万亿立方米，可谓资源潜力巨大。南海属于世界四大海洋油气聚集中心之一，又被赋予"第二个波斯湾"的美称。

通过这些清晰、明确的数字，我们可以直观地感受到我国海洋油气资源的丰富。相信在科研人员的不懈研究下，未来我国还可以发现更多的油气宝藏。

千呼万唤始出来：海洋油气的开采

世界上有如此巨大的海洋油气资源宝库，我们该如何把油气从海底开采出来，更好地利用它们以方便生活呢？来看看我国和其他国家是如何做的吧。

开采阶段两步走

海洋油气的生产过程一般分为勘探和开采两个阶段。我们首先要知道海洋油气在哪里，之后才能去开采它们。

海上油气勘探的原理和方法与陆地上的勘探大致相同，都包括普查、详查。两个主要的油气勘探方法是地球物理勘探法和钻井勘探法，通过这两个方法，可以探明油气藏的构造、含油面积与储量。

普查从地质调查研究入手，主要通过地震、重力和磁力调查法寻找油气构造。在普查之后，运用地球物理勘探法分析海底地下岩层分布情况、地质构造类型、油气圈闭情况以确定勘探井位。然后采用钻井勘探法直接取得地质资料，对该地质构造是否含油、含油量及开采价值做出分析和评价。如果把海洋油气资源拟人化，勘探方法就像给它们做的一个计算机断层扫描（CT），我们可以根据具体的"CT图像"来解密它们的内部构造，再有针对性地进行开采。

海上开采特色多

海洋油气开发有三个显著的特色。

第一，技术密集。在勘探方法上，需要数字电缆、多缆多震源勘探技术、高分辨处理技术；在钻井方面，需要采用小井眼、小曲率半径水平井钻井技术；在测井方面，使用的是数控成像技术和大容量传输系统；在海洋工程建设方面，深水油井开发已经发展到了水深1000米以上，形成了一套完整的生产系统，深海生产平台自动操纵装置也是必不可少的。由于有了这些技术，海洋油气资源的开发才可以实现专业化和技术化。

第二，资金密集。相比于陆地，海洋环境更为复杂，单是勘探这一个步骤花费的金钱就是陆地的几倍。钻一口井的成本是上千万美元，一座中心平台的成本是上亿美元，而且随着水深的增加，成本还会增长。可见，没有雄厚的经济实力，进行海洋油气资源开发真是"难于上青天"啊！

第三，开采具有高风险。大海就像一个喜怒无常的孩子，时而风平浪静，时而波涛汹涌，开采人员经常面临复杂、恶劣的作业条件，这不仅会加大开采的难度，还会提高失误的风险。

钻井平台用处大

在油气资源的开发中，值得我们注意的一个方法是海上钻井。海上钻井平台是海洋油气勘探和开发不可缺少的设备。

钻井平台的形式五花八门，我们到底该如何选择呢？这是一个涉及面很广的问题。

我们要考虑钻井的类型，是钻勘探井还是生产井，是直井还是丛式井，也要考虑完井方式等；要考察作业海区的海洋环境条件，包括水深、风、波、潮流等海况，海底地质条件及钻井平台离岸距离等；也要考虑经济因素，主要是各种装置的建造成本、租金及操作费用，确保在经济可承受范围内实现效益最大化；还需要考虑可供选择的钻井平台及其技术性能、使用条件。综合考虑各种因素之后，才能选出最佳的钻井平台形式。

海上钻井平台

"海洋石油981"深水半潜式钻井平台

开采进程全球化

海洋油气的勘探、开发与陆上油气的勘探、开发紧密相连，从浅海到深海逐步深入，从简单到复杂日渐专业。

海洋油气的开采经历了一个较为漫长的过程。1887 年，美国在加利福尼亚海岸数米深的海域建成了世界上第一口海上探井，开始发展海洋石油工业。

19 世纪末到 20 世纪 40 年代是海洋石油勘探、开发的初级阶段；20 世纪五六十年代，世界经济好转，海洋油气勘探事业随之蒸蒸日上，勘探的水深也不断加大，和初期比较更上一层楼；到了 60 年代末期，勘探、开发领域向大陆架深水区延伸；七八十年代，海上钻井平台和钻井技术提高，使勘探、开发的海域范围扩大，北海和墨西哥湾大陆架深水区的油气资源得到开发；90 年代，温带海域油气开采工作存在的钻井、采油、集输和存储等技术问题得到了解决，高寒海域的平台和管线技术也取得重大突破，至此，海洋油气勘探与开采取得了巨大成就。

在这个进程中，作业水深不断刷新纪录，作业范围不断扩大。目前，勘探和开发海洋油气的国家和地区有 80 多个，作业海域面积已约占全球大陆架面积的 50%。

再来看我国的开采状况。从 1960 年开始，我国在海南岛西南的莺歌海进行海上地球物理测量和钻井。1967 年以来，我国先后在渤海、北部湾和珠江口获得工业油流。我国近海大陆架石油资源的勘探和开采工作一直有条不紊地进行。

在我国海洋油气资源的开采中，"海洋石油 981"深水半潜式钻井平台（简称"海洋石油 981"）最为引人注目。"海洋石油 981"是我国第一座自主设计、建造的第六代深水半潜式钻井平台，为南海的恶劣海况量身打造。

"海洋石油 981"的建成对我国的海洋油气开采有着极为特殊的意义，填补了我国在深水装备领域的空白，标志着我国跻身世界深水装备建造的前列。

2021 年 6 月 25 日，"深海一号"大气田在海南岛东南陵水海域正式投产。它是我国自主勘探并开发的第一个 1 500 米超深水大气田，标志着我国在深水油气开发和深水海洋工程装备建造方面取得重大突破。该气田投产后，每年可向广东、海南、香港等地供气 30 亿立方米。

为了更好地开发"深海一号"大气田，我国建造了世界第一个十万吨级深水半潜式生产储油平台——"深海一号"能源站。它可以抵御百年一遇的强台风，其最大排水量为 11 万吨。

海洋油气就像珍贵的黄金，散布在世界的许多海域，闪烁着耀眼的光芒。

它们与我们的生活息息相关。我们应该对这些自然的馈赠保持好奇心，不断探索与研究；更应该保持敬畏之心，科学开采与规划，在不破坏海洋环境的前提下合理使用。

我国的海洋油气工程正在稳步向前发展，而且要加快前进的步伐，追赶世界海洋油气领域技术先进的国家。相信在不久的将来，我国会拥有更多高端钻井平台，真正做到自主研发。有了科研人员的不懈努力，我国未来的海洋油气事业一定会前途光明。

可燃冰 ▶▶▶

可燃冰的"简历"

人类对"能源"这个词并不陌生，人类的生产、生活都离不开各种各样的能源。人类常用的几种能源，如煤炭、石油，都会给环境造成一定程度的污染。在这种情况下，清洁能源引起了人类的关注。它们可以提供充足的能源，又对环境非常友好，是未来人类生产和生活的好伙伴、好助手。

可燃冰作为清洁能源的成员，发挥着重要的作用。有人可能会好奇，冰是凝固的水，水火不相容，那么冰怎么会燃烧呢？为什么它会叫作"可燃冰"？其实只要对它认真了解，不难发现奥秘所在。

可燃冰只是一个俗称，它的学名是"天然气水合物"。它由甲烷等气体分子（主要是甲烷）和水分子构成，但它的样子既不是液体，又不是气体，而是一种冰状的白色结晶。它正是由于状似冰块、遇火可燃，才得名"可燃冰"。

可燃冰有的藏在人迹罕至的高山地区，在厚厚的冻土层里"休眠"；有的隐匿在浩瀚深邃的海洋里，等待着人们去发现。

别看可燃冰的外表像冰块一样，它一旦燃烧起来，便能带来温暖和磅礴的能量。

可燃冰"居住"在温度0℃以下的寒冷之

可燃冰
（来源：https://www.163.com/dy/article/GL67QC2H05159862.html）

深海矿产资源

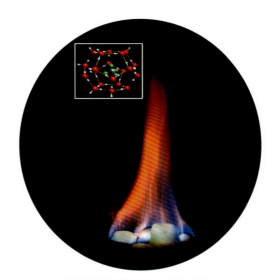

可燃冰的笼子式"安全屋"

地,甚至还要忍受着高达30兆帕的压力。可燃冰中的水分子"拥抱"在一起,为甲烷气体"小伙伴"筑起一间笼子式的"安全屋",让甲烷在里面安心地"居住"。可燃冰对环境的变化非常敏感,一旦温度升高或压力降低,所受到的约束就不存在了,甲烷便会离开水分子构筑的"安全屋",释放出来。

在可燃冰形成的过程中,它的"天敌"——天然气水合物抑制剂也在"蠢蠢欲动"。和我们所熟悉的动物的天敌不同,可燃冰的"天敌"并非凶猛的老虎、狮子,而只是无机盐或者一些其他化学物质,它们就藏在我们的日常生活中。

这些化学物质"伺机而动",悄悄地以不同的方式阻碍可燃冰的形成,有的会提高可燃冰对环境的要求,有的会阻碍可燃冰的聚集。

令人振奋的是,可燃冰储量丰富,燃烧的热值很高。根据科学研究,每立方米可燃冰在标准大气压下能释放出160~180立方米的天然气。世界上已经探明的可燃冰资源储量比现存石油、煤炭与天然气总量的2倍还多。

有这么丰富的储量和如此之高的利用价值,可燃冰被一些人称为"沉睡的未来能源",也不是浪得虚名了。

可燃冰的与众不同

说起可燃冰的与众不同，用"神奇"来形容便再贴切不过了。可燃冰到底"神奇"在什么地方呢？

遇火燃烧样子奇

可燃冰大多藏在深海，有的还躲在贻贝和潜铠虾这些生物群落之间。它的名字叫"可燃冰"，却又不是冰；长成白色固体的样子，燃烧后又能变成气体和液体。"蛟龙"号在我国南海执行过多次下潜任务，我国的科研人员乘坐"蛟龙"号下潜到深海，去寻找神奇的可燃冰。让我们也跟着"蛟龙"号，去海底看看可燃冰真实的样子吧！不过可要小心、谨慎，以防我们这些不速之客惊扰了可燃冰宁静的生活。

现在，我们乘坐"蛟龙"号来到了冷泉海域。当我们到达海下 1 100 多米的时候，可以看到许多生物。白色的潜铠虾和褐色的贻贝聚集在海底，仿佛褐白交织的海底地毯，又壮观又漂亮。为了不破坏它们的自然生存状态以及食物链，科研人员不会在这里直接开采可燃冰。"蛟龙"号朝着甲烷气泡所在的地方驶去，科研人员用专业的仪器就可以找到"深藏不露"的可燃冰了。接着，他们用科学的方法，把可燃冰收集起来，装到安全的容器内，带回地面。

终于拿到了珍贵的可燃冰，我们快来近距离观察可燃冰的神奇之处吧！它通体雪白，就像是厚厚的冰雪聚集成的块，没有任何杂质。我们把它放到耳边，可以听到刺刺的声音，就像是小时候吃的跳跳糖发出的声音，是不是非常有意思呢？

接下来我们再看看它燃烧时的样子。把一块可燃冰点燃，我们会看到红蓝交织的火焰在雪白的"冰块"上舞动，白色熔岩似的燃烧物咕嘟嘟地冒着泡。多么神奇的画面呀，就像真的冰块在燃烧，水与火在这一刻奇妙地"相融"了。

如果把燃烧的可燃冰放在手上，手会不会烧坏呢？答案是"不会"。因为把可燃冰从保温保压的容器中取出来放在手中时压力降低，水合物会分解，并在分解过程中吸收热量，使自身温度下降，而甲烷气体一边燃烧一边被释放，

燃烧的可燃冰

所以我们感受不到火的灼烧感。把燃烧的东西拿在手上却不会烧伤，可燃冰真是奇之又奇！

仔细观察了可燃冰的样子，我们发现，它处处都散发着神奇的光芒，引人入胜。

环保清洁性能奇

除了储量大，可燃冰还有一个巨大优势，就是清洁、无污染。我们都知道，许多能源对环境并不友好，例如，煤和石油等化石燃料在燃烧时会向空气中排放大量废气，造成大气污染，同时产生的固体废渣也会污染环境。然而，可燃冰燃烧生成的主要是水和二氧化碳，几乎不会对环境造成污染。

众所周知，我国是一个富煤、贫油、少气的国家，能源消费的绝大部分是煤炭，而煤炭的大量燃烧造成了日益严重的雾霾，环境问题越来越严重，所以寻找巨量清洁能源的任务显得尤为迫切。可燃冰的发现可能带来机遇，如果对其科学地规划、利用，就可能改善我国的能源结构，也能让环境更加美好。

如今世界正在走向"后石油时代"，

新能源、可再生能源产业在这一时期快速地成长和发展，石油的替代产品也在不断发展、更新。可燃冰被认为是"后石油时代"有希望的战略资源，真是当之无愧。

可燃冰的"前世今生"

可燃冰如此神奇，那么它是怎么形成的呢？下面让我们来一探究竟。

可燃冰的形成

可燃冰必须在低温、高压的环境下才能形成。用具体的数字来说，温度需要在 0℃ ~ 10℃，压强需大于 10 兆帕，此外还要有充足的天然气源，一定的空隙结构也是必不可少的条件。地质构造、含水介质和 pH 也是影响可燃冰形成的重要因素。水分子里有氧原子，电负性较大，在高压条件下吸引了水分子中的氢原子，它们在一起形成了氢键，就变成了笼状结构，也就是之前所说的"安全屋"。

有稳定存在的压力与温度条件的地方，就一定会有可燃冰吗？答案是否定的。

甲烷的生成离不开一个"好朋友"的帮助，这个"好朋友"叫作"有机碳"。并不是全球到处都可以见到有机碳的身影，也就意味着甲烷也不是到处都有的。

由于可燃冰对环境挑剔，一旦温度升高或压强降低，"安全屋"里的甲烷就会跑出来，固体水合物也就瓦解了。可燃冰里面的甲烷气体的含量是 80% ~ 99.9%，可以直接点燃。

深海矿产资源

可燃冰的发现

既然可燃冰不是躲在深不可测的海底，就是藏在百米之下的冻土中，它又是怎么被人类发现并勾起人类好奇心的呢？

可燃冰的发现并非一帆风顺，而是经历了一个漫长、曲折的过程。

海底的可燃冰

气体水合物在实验室的发现与合成

1810 年，英国化学家汉弗莱·戴维在实验室里发现了一种与可燃冰具有相似结构的固态物质——由氯气和水形成的晶体化合物。在这之后，科研人员便开启了对气体水合物的研究，气体水合物在科研领域掀起了一股热潮。后来，甲烷、乙烯等气体水合物的实验室合成也得以实现。之后的 100 多年里，研究机构一直对此保持着热情。

天然气管道的防堵塞研究

在 20 世纪 30 年代，天然气作为燃料被广泛应用，并通过专门的管道来输送。在天然气管道中，天然气在一定条件下会与水结合生成天然气水合物，堵塞管道，影响天然气的输送。因此，天然气水合物作为油气管道中的工业灾害被人们所认识。

在人们发现这一问题之后的几十年内，研究的重点一直是如何防止天然气水合物在管道及相关设备内形成。既然已经知道了天然气水合物如何形成，对它的研究也进入了一个新阶段，科研人员证实了自然界中真的存在这种物质。

证实可燃冰自然存在

20 世纪 60 年代，苏联科研人员发现了可燃冰自然存在的有力证据——在西伯利亚的永久冻土带发现了可燃冰。

可燃冰的全球探索

苏联科研人员的惊人发现使许多国家加紧了对可燃冰的探索，都希望能够在自然界中找到它的藏身之处。

俄罗斯、美国、日本等国家对可

燃冰的探索获得了一定成果，韩国、印度等国家也进行了可燃冰的勘探、研究、开发工作。可燃冰在世界范围内被不断发现。

海洋沉积物中的可燃冰

我国可燃冰发掘工作也在持续推进。1999—2001年，中国地质调查局科研人员首次在南海西沙海槽发现了显示可燃冰存在的地震标志。我国的科研人员不畏惧困难，秉持创新开拓精神进行研究，对可燃冰的研究稳步推进，让我们更加清晰地了解了可燃冰的方方面面，这个过程中不乏很多不为人知的故事。

广州海洋地质调查局最早的可燃冰研究团队只有7个人，从20世纪90年代开始研究，条件艰苦，甚至团队共用一台电脑。如今的他们，已经发展成为强大的科研团队，全程参与了我国海域可燃冰勘查与试采工作。他们与其他海洋地质工作者一起默默地耕耘，经过多年的辛勤付出，于2007年在南海神狐海域获得可燃冰实物样品，于2013年在南海珠江口盆地东部海域发现超千亿立方米级可燃冰矿藏，于2016年在南海神狐海域发现超过千亿立方米级可燃冰矿藏。2019年，我国在南海重点海域新区第一次发现纯度高、厚度大、类型多、多层分布的可燃冰矿藏。

分散的可燃冰家族

可燃冰虽然是一个大家族，但是分布在世界多个区域。总的来说，可燃冰在自然界广泛分布在大陆永久冻土带、岛屿的斜坡地带、主动型大陆边缘和被动型大陆边缘的隆起处、极地大陆架以及海洋和一些内陆湖的深水环境，其中绝大部分存在于海洋环境中，少量在冻土带。

世界范围看分布

目前人们已经认识到，海洋中可燃冰的主要聚集区是大陆架、大陆坡、海台区域，包括主动型大陆边缘与被动型大陆边缘（如美国东南部布莱克海台）、大洋板块内部（如非洲西海岸岸外海域）、极地地区（如北冰洋的巴伦支海）。

我国境内看分布

我国可燃冰的储量具有天然的优势，非常丰富。在南海、东海几千米深的海底，

南海

东海

在青藏高原以及东北的冻土层下，都出现了可燃冰的身影，并且我国科研人员已在青海祁连山永久冻土带和南海北部神狐海域取得了可燃冰实物样品。

据估计，我国海域可燃冰的资源储量约为 800 亿吨油当量。如此惊人的数据表明我国在可燃冰开发研究领域有着广阔的前景。

开采和利用现状

海底环境与地表大相径庭，而可燃冰大都深埋于海底，我们该怎么做才能获得可燃冰呢？

多样化的开采方法

开采可燃冰的通用方法是"钻井"。具体来说，在一个海上钻井平台上，用成百上千根钢管打造一条从海底到海上的快捷通道，再用模拟海底温度和压力等条件的仪器，为可燃冰提供一个"暂时居所"，随后用这个"暂时居所"把可燃冰运载上来，从而实现人类与可燃冰的"会面"。

我们目前对可燃冰的开采技术还处在起步阶段，有一系列的技术难题需要攻破。开采的方法分为传统开采法和新开采法。传统开采法主要有降压法、热激法及化学试剂注入法，新开采法有二氧化碳置换封存法、固体开采法、冷钻热采法等。下面简单介绍一下几种新的方法。

二氧化碳置换封存法

二氧化碳置换封存法是结合了二氧化碳海底封存技术与二氧化碳置换甲烷技术的方法。它利用二氧化碳来进行高效开采。利用这种方法提取可燃冰中的天然气，可谓一举两得，不仅商业价值很高，还有利于缓解温室效应。

但这一技术目前尚未开始普遍运用，它是否有不利的一面，比如是否会影响海底 pH、是否会对海洋生物造成影响，暂时无法知晓。

固体开采法

固体开采法最早是直接获取海底固态可燃冰，将可燃冰输送至浅水区，通过搅拌或其他物理化学方法对其进行稳定性分解。近年来，这种方法又逐渐演变为混合开采法。

冷钻热采法

冷钻热采法是吉林大学相关科研团队成功研发出的一种关键技术，属国内外首创。这项技术实现了多种创新，为我国可燃冰开采做出了突出贡献。

然而，目前为止，无论哪一种方法，都不能实现对可燃冰的商业化开采。

多重挑战与危机

可燃冰也不是百利而无一害的能源。数据显示，至今已有 30 多个国家对可燃冰进行研究与分析。现代科技发展日新月异，可燃冰的勘查和开采技术正趋于成熟，但它的开发也面临着种种挑战与危机。

我们从两个角度来看看开发可燃冰的困难。

断攻坚克难，成本才可能降低，高效开采才可能实现。

商业技术角度

从商业技术角度看，开发可燃冰缺少长期安全、有效的技术工艺，勘探、找矿选区难度较大，勘查与识别海域可燃冰的准确性较低，勘查与识别冻土带可燃冰缺乏有效的方法，还会出现管道堵塞等方面的问题。

如果不能找到高效率、低风险的方法，无法实现规模化的开采，可燃冰的商业开采就很难实现。开采可燃冰还需要耗费高昂的成本，技术与成本同时施压，商业化开采之路还很漫长，需要不

自然环境角度

从自然环境角度看，开发可燃冰必然需要进行大规模工程活动。海底的地层经过千百年的演化，已经形成相对稳定的力学结构，如果大量开采可燃冰，极有可能导致海底地层大面积破坏，引起海底滑坡、地震、海啸等灾害。若是可燃冰开采不当而发生甲烷泄漏，甲烷进入海水中可能会改变海水的化学组成，危害人类和海洋生物；甲烷进入大气层中，会加剧温室效应。

海啸时的巨浪

世界开采现状

可燃冰在世界上掀起了研究的热潮。让我们来简单了解一下其他国家都是怎么开发、利用可燃冰的吧。

20 世纪 60 年代，苏联于西伯利亚发现了世界上第一个可燃冰气藏——麦索亚哈气田，后来对该气田进行了开发。这推动了许多国家对可燃冰的研究和勘探。

美国于 20 世纪 60 年代开始对自然界可燃冰的研究，并且投入了大量经费，在海底可燃冰的存在、分布和特征等方面取得了重大进展。

日本通过《天然气水合物初步推行计划》（1995—1999 年）和《天然气水合物开发计划》（2001—2018 年），基本完成了对周边海域海底可燃冰的资源调查。2013 年，日本在爱知县渥美半岛以南 70 千米、水深 1 000 米处试采出可燃冰，成为第一个掌握海底可燃冰采掘技术的国家。2017 年，日本在同一海域对海底可燃冰开展第二次试采，成功产气。

印度在 1995 年制定了 5 年期《全国气体水合物研究计划》，于 1997 年开展可燃冰特性研究工作。2006 年，印度获取了可燃冰样品，推测可燃冰的蕴藏量约为 1 894 万亿立方米。

2007 年，韩国获取了可燃冰样品。2008 年，韩国确定了周边海域的可燃冰矿区，并初步估计其储量。

我国开采进程

其他国家的可燃冰开发工作如火如荼地进行着，我国拥有如此丰富的可燃冰资源，又是如何研究和开发可燃冰的呢？

开采过程分步走

我国从 20 世纪 80 年代末开始关注可燃冰，组织专业人员收集其信息与资料并开始研究。

1997 年，关于海域可燃冰的调研课题设立，科研人员对我国海域可燃冰的成矿条件、调查方法等做了详细研究。

1999 年，科研人员在南海第一次找到可燃冰存在的证据。

2002 年，科研人员勘查南海可燃冰蕴藏量约为 700 亿吨油当量，界定了可燃冰矿区在西沙海槽。

2007 年，科研人员在南海第一次成功获取可燃冰样品。

2008 年，科研人员在祁连山南部冻土层获取可燃冰样品，于是，我国成为世界上第一个在中低纬度冻土区发现可燃冰的国家。

2017 年 5 月，在南海神狐海域，"蓝鲸 1 号"海上钻井平台首次试采可燃冰成功。

"蓝鲸 1 号"海上钻井平台
（来源：https://www.163.com/dy/article/GI5IJEGF05529C6M.html）

深海矿产资源

2020 年 2 ～ 3 月，在南海神狐海域，可燃冰第二轮试采取得了新的突破。

一个又一个成就令我们欣喜，这是我国强大科研团队和高超科技能力的有力证明。

神狐海域成就大

在我国开采可燃冰的进程中，尤其值得一提的是 2017 年在南海神狐海域的试采项目。

南海神狐海域可燃冰试采项目是国家重大工程项目，试采目标区位于南海北部神狐海域，作业水深 1 250 ～ 1 370 米，可燃冰储层位于泥面以下 195 ～ 257 米，储层物性为未成岩泥质粉砂。这是我国首个深水可燃冰粉砂质储层试采项目，面临着工艺、管理和安全等多项挑战，被称为"在豆腐上打铁，用金刚钻绣花"。但科研人员敢于大胆创新，改变传统思维模式，顺利完成了试采任务，我国首次海域可燃冰试采获得了成功。

2017 年南海神狐海域可燃冰的试采
（来源：https://new.qq.com/omn/20211217/20211217A0334700.html）

这一次的开采成功，是我国对可燃冰开采零的突破。我们依靠自己的技术、团队、理论知识、实践经验，用自己的力量实现了历史性突破。

2020年2月17日至3月30日，我国在南海神狐海域（作业水深1 225米）第一次以水平井钻采技术试采可燃冰，连续产气42天，产气总量达到149.86万立方米，日均产气量为3.57万立方米，产气总量和日均产气量创造了世界纪录。在这个过程中，我国解决了深海浅软地层水平井钻采技术等难题。

我国在可燃冰的研究开发中取得了一个又一个重大成就，彰显了我国与日俱增的综合国力。在可燃冰自主研究的进程中，我国起步虽不算早，但后来居上，掌握了可燃冰的试采技术。

相信经过了全面的了解，我们对可燃冰不再陌生。虽然我国可燃冰的开采技术还处在起步阶段，但是随着南海试采的成功，我国对可燃冰开采的研究也迈上了新的台阶。相信只要我们不断完善理论知识，提升技术水平，做到安全、高效地开采，实现可燃冰的商业化开采就指日可待。到那时，可燃冰会成为与我们的生活密不可分的能源，让我们的生活更便捷。

多金属结核 ▶▶▶

初探多金属结核

　　浩瀚无垠的海洋是一座宝藏，水深处埋藏着丰富的矿产资源，多金属结核就是其中一种。可能有人对这个名字并不熟悉，那么，多金属结核究竟是什么呢？

形状多样的多金属结核

　　在水深 2 000 ~ 6 000 米的海底，存在着一种通体黑色或棕褐色的矿石，外表并不出众的它们沉睡在水下，远远看去，像一块块摆放在海里的土豆。这种矿石就是多金属结核。它们的大小不一，有直径小于 1 毫米的微结核，也有直径数十厘米的大结核，但直径一般在 1 ~ 10 厘米。其实，多金属结核的形态不是单一不变的，有球状、椭球状、板状等。

不同形状的多金属结核

多金属结核又称"锰结核""锰矿球""锰瘤"等。多金属结核内部含有锰、铁、镍、钴、铜等几十种金属元素，其中锰、铜、钴、镍具有很大的商业开发价值。

多金属结核多以贝壳、鱼牙、珊瑚片、岩屑等为核心，经历漫长的成长过程，形成同心圈层逐次包裹的结核体。根据成长程度和形状的不同，多金属结核可以分成结核或团块、结皮或结壳、锰斑等。大部分多金属结核的表面都非常光滑，小部分相对粗糙。其底部埋藏在海底的沉积物里，因而比顶部更为粗糙。

状如石头的多金属结核

偶然发现的黑色"石头"

1868 年，A. E. 诺登斯金尔德率领"索菲亚"号科学考察时，在北冰洋的喀拉海首次发现了多金属结核。但是，具备钴、镍等金属资源潜力的多金属结核是由英国"挑战者"号科学考察船发现的。

1872 年，"挑战者"号由海洋学家查尔斯·汤姆森担任首席科学家，开启了 3 年多的海洋科学考察。这是人类历史上首次综合性的海洋科学考察。1873 年，船行驶至大西洋加那利群岛的耶罗岛西南处时，队员们从深海海底采集到许多黑黑的"石头"，初步化验知其主要含铁、锰等金属，当时起名为"铁锰结核"，即现在所说的多金属结核。后来他们在印度洋、太平洋也发现了多金属结核。

深海矿产资源

锰

多金属结核的价值

其貌不扬的多金属结核"低调"地深藏在海底，却具有令人惊讶的利用价值，这是因为它含有多种金属元素。

锰

锰是一种硬而脆的金属，外表呈灰白色，有闪闪的光泽。它广泛存在于自然界中，与我们的生产、生活联系非常紧密。碎石、采矿、电焊、生产干电池、染料工业等都需要锰的参与，它是人类许多生产活动得力的帮手。锰是制造锰钢的宝贵材料，坚硬、抗冲击、耐磨损的优质条件使锰钢被大量用于制造坦克、钢轨、粉碎机等。众所周知，坦克是非常厉害的作战武器，钢轨铺设在铁路轨道之上，可以引导机车的车轮前进，承受车轮的巨大压力并将压力传递到轨枕上。这些重要的工业都离不开锰。

坦克

其他金属

多金属结核中除了用途广泛的锰元素，还有铁、镍、铜、钴、钛等多种金属元素。铁是炼钢的主要原料，镍可

钢轨

以用来制造不锈钢，钴主要用于制造合金，铜大量用于制造电线。钛是一种银白色的金属，分散在自然界中，不容易提取，而人们在多金属结核中发现了它的痕迹。钛的密度小、比强度高、耐腐蚀性能好，因此钛广泛地应用于航空航天工业，被赋予了"空间金属"的美名。多金属结核也是许多战略物资的材料来源，是许多国家争抢的重要资源。

多金属结核的作用非常大，它的储量也非常大，更神奇的是，它能够不断生长。所处的环境不同，它的生长速度就不同。据推断，太平洋海底的多金属结核每年就可以增长 1 000 万吨，这真是一个庞大且惊人的数字。

用途广泛、可不断生长的多金属结核，在多种自然资源濒临枯竭的现状下，给许多国家带来希望。

深海矿产资源

揭秘多金属结核的形成

多样的物质来源

对人类来说，多金属结核曾是神秘且新奇的事物，没有人亲眼见证它的诞生，人类只能通过调查研究来发现其中的奥秘。说起多金属结核的形成，就要先谈谈构成结核的物质来源。为什么海洋中会存在大量的金属元素呢？

关于这个问题，科研人员给出了解释：这些金属元素分别来自生物、陆地、海底火山、外层空间。浮游生物以海洋为家园，它们在海洋中出生，以海洋中的食物为生，体内含有一定金属元素。它们死亡以后，尸体慢慢分解，金属元素释出，散布在海洋中，成为海洋金属元素的生物来源。陆地和岛屿上的岩石经过风化作用分解出了锰和铁等金属元素，其中一部分金属元素跟随海流进入海洋，在海洋中沉淀，成为海洋金属元素的陆地来源。海底火山喷发时，喷出的岩浆和大量气体中的金属元素就会进入海洋中。浩瀚无垠的外层空间也是海洋金属元素的来源之一，地球每年都会收到外层空间上千吨尘埃的"馈赠"，它们富含金属元素，分解后的去处之一就是海洋。

来自四方的金属元素在海洋中汇合，为多金属结核的形成创造了条件。

海底火山喷发

说法不一的形成原因

科学的魅力之一在于未知，好奇心驱使我们探究多金属结核的形成这个尚未有定论的问题。关于多金属结核如何形成，有三种说法比较常见。第一种说法是从生物成因来看的，海洋动物死后，遗骨沉降到海底，被底栖微生物吃掉，而海洋动物的尸体会分解出金属元素，这些金属元素被微结核吸收，导致结核体积膨胀，日渐增大，形成了后来的多金属结核；第二种说法是从火山成因来看的，火山岩中含有的金属元素在火山喷发时被淋滤出来，漂浮在海上，最终慢慢地沉降于海底，形成我们见到的多金属结核；第三种说法被命名为"自生化学沉积说"，该说法认为海底 pH 升高时，氢氧化铁围绕一个核心沉淀，沉淀物会吸附锰离子，最终形成结核。

多金属结核的形成原因众说纷纭，都有一定的道理，是困扰着多金属结核科研人员的一个难题。多金属结核究竟是怎样形成的，还需要深入研究。

分散于多个海域的多金属结核

多金属结核分散于世界的多个海域，主要存在于水深 4 000 ～ 6 000 米的深海盆地中。据估计，全球大约有 5 400 万平方千米的海底有多金属结核。从分布面积上看，太平洋区域是它们最喜欢的家园，家族主体都"居住"在此；在印度洋和大西洋也有一定数量的多金属结核"定居"。

太平洋

在拥有多金属结核的大洋中，太平洋的多金属结核覆盖面积最大，大约有2 300万平方千米。

海底多金属结核（一）

太平洋面积广阔，其中有一个受多金属结核偏爱的特殊位置——太平洋C-C区（Clarion-Clipperton Zone），它位于太平洋夏威夷群岛以南的克拉里昂-克里帕顿断裂带之间，是世界著名的多金属结核富集区，也是具有很大经济价值的海区。太平洋C-C区多金属结核中锰、镍、钴等金属元素与陆地相比含量高很多，这些金属元素的战略意义非常大。库克群岛是位于南太平洋的群岛国家，介于法属波利尼西亚与斐济之间，这里的多金属结核的钴元素含量是已发现的海底矿产资源中钴元素含量的最高值。同时，此处多金属结核中的钛元素也具有很高的经济价值。位于东南太平洋秘鲁海盆的多金属结核中的锰元素含量较高。

太平洋的海底资源丰富，其中金属元素的含量远远超出我们的想象。深藏水下的多金属结核资源是具有开阔前景的海底资源，是人类未来发展不能忽视的宝藏。

其他海域

多金属结核在印度洋的分布比在大西洋广泛。中印度洋海盆的多金属结核资源量较多，仅次于太平洋C-C区，产生的经济效益同样可观。据估计，这个区域的多金属结核资源量约有1 400万吨。

大西洋的多金属结核分布区域有限。多金属结核主要分布在南大西洋区与北大西洋区的部分海域。大西洋的多金属结核中金属元素的丰度小。

多金属结核的调查活动

"索菲亚"号的一次远航，实现了人类与多金属结核的初次"见面"，此后，多金属结核的调查研究逐渐展开，一直延续到今天。

国际多金属结核调查

"挑战者"号发现多处海域分布有多金属结核后，美国"信天翁"号调查船于 20 世纪初对多金属结核展开了进一步探索，太平洋东南部多金属结核的分布情况自此浮出水面。

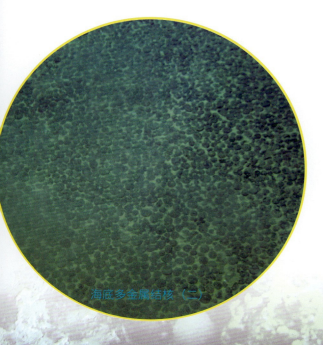

海底多金属结核（二）

20 世纪前期，海洋研究的科技手段并不发达，许多科研活动面临重重挑战与困难，甚至止步不前，对多金属结核的研究也因此没有很大的进展，这让醉心于海洋矿产事业的科研人员苦恼不已，热情逐渐退却。这种情况的改变发生在 20 世纪 60 年代，学者约翰·梅罗指出了多金属结核具有巨大的经济价值，平地惊雷般地让多金属结核再度吸引了人们的关注。一时间，国际上掀起了一股调查研究热潮，美国等国家纷纷组织人员进行相关作业，深入挖掘多金属结核的方方面面。

美国

美国作为较早开展多金属结核调查的国家之一，从 20 世纪 60 年代开始，就把多金属结核纳入了海洋调查计划，由相关研究机构和公司制订了非常周密的研究计划，开展了一系列专业的研

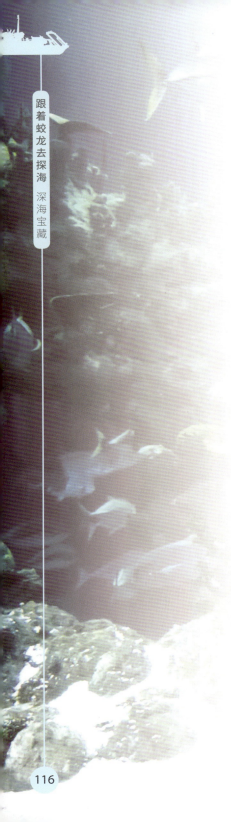

究工作，取得了丰硕的成果。如今，美国在多金属结核研究项目中拥有成熟的经验和先进的技术。

俄罗斯

俄罗斯（从苏联时期开始）也是较早开展多金属结核调查研究的国家之一，扩大了多金属结核的寻找范围，对印度洋、太平洋、大西洋都进行了广泛的调查。

俄罗斯于 1956—1958 年在太平洋北部、中部进行多金属结核的调查；从 1977 年开始开展对赤道以北太平洋多个区块的多金属结核调查；1983 年，向国际海底管理局提出矿区申请，成为第一个"先驱投资者"申请国；目前仍在推进多金属结核的调查研究。

其他国家

法国、日本、韩国、印度等国家也为早期多金属结核的调查研究做出了积极贡献。

1970—1978 年是法国对多金属结核的集中科考时间，考察范围主要是法属波利尼西亚海域和太平洋 C-C 区。自 1968 年开展多金属结核调查活动后，日本的相关研究直到今天仍在继续。韩国于 20 世纪 80 年代开始参与多金属结核的调查研究。印度积极参与多金属结核的勘探工作，至今已完成多金属结核综合研究计划、技术经济评价、综合开发研究工作。德国、英国等国也相继开始对多金属结核的调查，且在太平洋 C-C 区获得勘探合同区。随着科学界对多金属结核研究热情的高涨，一些太平洋岛国（如瑙鲁、汤加）凭借着得天独厚的地理位置条件，也参与到国际多金属结核项目中，争取到了部分勘探合同区。

对多金属结核的研究已经从最初的空白、粗浅走到了先进、成熟的阶段，愈加国际化的科研项目离不开各国的共同努力，多金属结核在科研人员的手中变成了"闪闪发光的金子"。

中国多金属结核调查

我国的海洋矿产资源探查工作起步较晚，对多金属结核的研究在 20 世纪 70 年代正式开始。

我国于 1978 年首次在太平洋底获得多金属结核，这一重大进展由科研人员依托海洋调查船"向阳红 05 号"完成。1983—1990 年，科研人员乘坐"向阳红 16"号，在中太平洋和东太平洋海盆进行了 5 个航次的多金属结核调查；1986—1989 年，科研人员乘坐"海洋四号"，在中太平洋和太平洋 C–C 区进行了 4 个航次的调查；1990—2001 年，我国对太平洋 C–C 区中国开辟区进行了关于多金属结核的 10 个航次的调查；2000 年后，科研人员依托"大洋一号""海洋四号"科学考察船和"海洋六号"综合调查船等在太平洋 C–C 区的我国多金属结核勘探区以及西太平洋多金属结核调查区开展了多航次调查，完成了一项又一项探查工作。

1990 年，中国大洋矿产资源研究开发协会（简称"中国大洋协会"）向国际海底管理局提出了国际多金属结核矿区的申请，在第二年获得批准，我国成为继法国、

知识点链接

国际海底管理局

国际海底管理局是根据《联合国海洋法公约》于 1994 年在牙买加首都金斯敦成立的，负责管理国际海底区域及其资源，特别是矿产资源。

国际海底

国际海底为国家管辖的海域范围（领海、大陆架、专属经济区）以外的海床和洋底及其底土。国际海底蕴藏着丰富的资源，在许多领域具有很大的科学研究价值，是有待开发的宝库。

日本、苏联和印度之后第五个"先驱投资者"。2017 年中国五矿集团在东太平洋获得了一块多金属结核勘探区。2019 年北京先驱高技术开发公司在西太平洋获得了一块多金属结核勘探区。

近年来，我国对多金属结核的探查工作不断深入，取得了巨大的成果，在海洋矿产资源研究的路途上迈出了坚实的步伐，为国际矿产资源研究事业做出了重要的贡献。

海底多金属结核资源量丰富，有利于解决当前战略金属矿产资源紧缺的问题。但是它们大多远在水深 4 000 ~ 6 000 米的茫茫深海，开采的高难度一直困扰着科研人员。在他们呕心沥血的钻研下，各种专业的仪器设备接连问世，开采能力不断提高，多种开采模式逐渐形成。目前，如何最大限度地降低开采成本成为科研人员面临的新问题。

以多金属结核为代表的海洋矿产资源是名副其实的镇海之宝，在国际经济发展中不可忽视，其潜在的经济价值可以帮助世界各国更好、更快地发展。

富钴结壳 ▶▶▶

深海中的"黑金山"

乘坐"蛟龙"号潜到 800 ~ 3 000 米深的水下，可能会看到海底岩石被许多黑色的物质附着，就像一座座矗立在海里的黑色小山。这些黑漆漆的物质便是富钴结壳，是研究海洋地质的科研人员爱不释手的宝贝。

初识富钴结壳

翻开富钴结壳的"简历"，你会发现它又称"铁锰结壳""钴结壳"，是生长在海底岩石或岩屑表面的皮壳状铁锰氧化物和氢氧化物。富钴结壳外观有肾状、鲕状、瘤状等不同类型，颜色多为黑色或黑褐色；剖开来看，断面构造分为树枝状和层纹状两种。

富钴结壳富含铁、锰元素的特点使它和多金属结核极其相似，最初二者是不分的。后来，科研人员将二者区分开来：既然结壳中钴元素的含量比陆地钴矿中

富钴结壳样品　　　　　　　　　　附着在海山上的富钴结壳

钴元素的含量高得多，不如就用"钴"来命名，称呼它为"富钴结壳"。

富钴结壳还含有铊、碲、锆、钨、钛、铈、镍、铂、锰、铋和钼等元素，是许多金属元素（包括一些稀土元素）的潜在来源。

富钴结壳一般生长在海山和海台顶部或斜面上。研究表明，承载富钴结壳的岩石可以是各式各样的基岩，但不同基岩的利用价值不尽相同，相比于燧石上的富钴结壳，玄武岩、风化火山岩和磷块岩上的富钴结壳厚度更大，经济价值更高，更适合作为选矿冶炼的首选。

富钴结壳通常以每 1 ~ 3 个月一个分子层的速率增长，这是什么概念呢？

相当于富钴结壳每 100 万年才能够生长 1 ~ 6 毫米。它们的生长是地球上极其缓慢的自然过程之一。因此，我们所见到的富钴结壳是经过几千万年长成的。富钴结壳由于自身具有的特殊价值以及像小山形状的外貌，被赋予了海中"黑金山"的称号。

富钴结壳是重要的矿物资源，是闪闪发光的海洋矿产"明星"，在未来将会获得更多的关注。

颇具价值的工业宠儿

富钴结壳是工业上许多行业和领域的宠儿，有很高的潜在利用价值。

富钴结壳中含有大量钴、锰、镍，这些元素有利于钢材的硬度、强度和抗

莫扎特海山表面　　　　　　　　钴

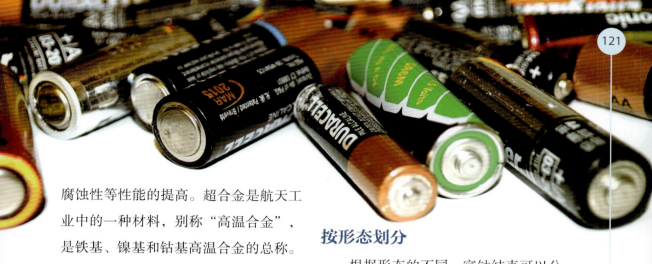

腐蚀性等性能的提高。超合金是航天工业中的一种材料，别称"高温合金"，是铁基、镍基和钴基高温合金的总称。富钴结壳中含量丰厚的钴是制造超合金的重要原材料。在化工和技术产业中，富钴结壳的金属元素可以用来生产光电池、燃料电池、超导体、强力磁铁、催化剂等产品。

高质量的富钴结壳多存在于岛屿国家的专属经济区内，这意味着其存在的位置水深较浅，开采设施离海岸较近，在勘查、开发方面有着独特的便利条件，这就是富钴结壳受到欢迎的一个主要原因。

百变的富钴结壳

百变的富钴结壳很难用统一的标准去分类。下面分别按形态、基岩性质、铁锰壳层的厚度、铁锰壳层与基岩的关系来划分富钴结壳。

按形态划分

根据形态的不同，富钴结壳可以分为球状、板状、膜状、斑块状和不规则状等类型。以中太平洋区为例，那里的富钴结壳总体上分为砾状、板状和结核状结壳三大类。

板状结壳

砾状结壳

三种类型的富钴结壳在颜色上相差不多，砾状结壳和结核状结壳都是黑色或黑褐色的，板状结壳呈现出与前两者略有差别的灰黑色。砾状结壳的"皮肤"光滑，接触面稍显粗糙。结核状结壳和砾状结壳从外形上看非常相似。板状结壳虽然"皮肤"还算光滑，但是有瘤状、葡萄状或豆状凸起。

从大小上看，最小的是结核状结壳，直径一般小于3厘米；砾状结壳的直径一般超过10厘米，甚至能达到数十厘米；板状结壳"身形"庞大，厚度变化大，直径可达几十厘米。

按基岩性质划分

火山基岩型结壳和沉积基岩型结壳是基岩分类下的两大"支柱"。火山基岩型结壳以火山碎屑岩、碱性玄武岩等

为基岩，沉积基岩型结壳以砂岩、角砾岩、磷酸盐岩等为基岩。火山岩上生长的富钴结壳质量更好。

按铁锰壳层的厚度划分

根据铁锰壳层的厚度不同，可以将富钴结壳分为三种类型：结膜、结壳、结皮。别看它们三个的名字只相差一个字，价值、功用却相差了十万八千里。0.5和1是区别它们的关键数字。依附在沉积岩与火山岩之上的结膜的铁锰壳层厚度为0.1～0.5厘米，由于壳层过薄，仅仅具有成矿上的意义，对我们而言没有利用价值；和它"同病相怜"的结皮的铁锰壳层厚度为0.5～1厘米，同样没有什么经济价值；铁锰壳层厚度大于1厘米的结壳的处境截然不同，由于厚度较大、可以被开发利用而大受欢迎。

按铁锰壳层与基岩的关系划分

按铁锰壳层与基岩的关系，富钴结壳又被分为三个种类：结壳、结核状结壳及钴结核。它们具体有什么不同呢？

结壳

大部分富钴结壳都属于结壳类型，分布在大洋中的海山区。

年龄在2 500万年以上的海山区的结壳有两个不同世代的生长期，两个生长期生长出的新、老壳层之间填充着磷钙土。这样的结壳壳层厚度富于变化，最薄的有几厘米，最厚的竟然达到了25厘米；年龄在100万年以下的海山区的结壳没有复杂的生长过程，结壳数量不多，壳层厚度较小。

富钴结壳中钴的含量与生长年代有关。年代久远的富钴结壳，其钴的含量在日积月累中越来越多；距今较近的富钴结壳没有经过长时间的沉淀，钴的含量就较低。例如，在马绍尔群岛海域，富钴结壳中钴的含量高达0.9%，而在我国南海海域富钴结壳中钴的含量仅有0.13%左右。

结核状结壳

结核状结壳这个名字听起来既像结壳又像结核，让人非常困惑。其实，它是结壳和结核过渡的类型，就像一座桥，连接起了结核与结壳。结核状结壳大部分位于海山区，随结壳一同生长，它有结核的核心，也有结壳的结壳层，因此而得名。

结核状结壳的金属元素含量与结壳相近。与深海中结核核心小、壳层厚的特点不同，结核状结壳核心更大、壳层更薄。从核心与壳层的关系来看，结核就像一朵还没有开放的花，核心被安全地包裹在花瓣里面，密不透风；结核状结壳则像一朵半开的花，壳层从顶部、底部、边部等不同地方半包围起核心，露出一部分若隐若现的壳层。

"发现"号遥控潜水器

钴结核

2018 年，我国"发现"号遥控潜水器（ROV）在麦哲伦海山区执行探查任务，采集并带回了钴结核。虽然都以结核命名，但是钴结核和深海中的多金属结核大不相同。钴结核有的是球状，有的是椭球或橄榄球状。椭球状钴结核更大一些，平均直径大约为 6 厘米；球状钴结核平均直径大约为 2 厘米。两种不同样貌的钴结核在特征上较为接近，它们的壳层都围绕着核心，呈现出洋葱剖面一样的同心层状结构。

富钴结壳成因探秘

和它的"好兄弟"多金属结核一样，富钴结壳的成因一直是科研人员关心的问题，科学界对此有不同的声音。富钴结壳的物质来源以及形成方式被讨论至今。

复杂的成矿物质来源

富钴结壳的成矿物质的来源可以分为水成来源、内源、外源三种。三种来源分别与什么有关呢？简单来说，水成来源与大洋水层结构、水化学和水动力有关，如水动力学特征、海底岩石的海解作用、大洋生物生产力、水化学结构；内源主要与地球内部作用有关，如热液、岩浆、构造；外源主要与外力作用有关，如太阳引力、地球的自转、陆源物质搬运、重力、生物活动。

富钴结壳的多种成因

三种不同的成矿物质来源造就了不同成因类型的富钴结壳，根据它们的特点可以将它们分别命名为"热液型""水成型""成岩型"。

温度为 50℃ ~ 400℃ 的热液是地质作用中以水为主体、含有多种具有强烈化学活性的挥发成分的高温热气溶液。热液中水是重要的组成部分，还含有大量金属离子，如钠、铁、铜离子。热液作为后生地质活动的重要参与者，发挥了很大的作用。热液活动喷口处为富钴结壳提供了丰富的成矿元素，热液型富钴结壳得以形成。

学者们认为，水成型结壳在上覆海水中形成，随着时间慢慢沉降，最终依附在基岩表层。

成岩型结壳观点则是受到了基岩成因观点的影响，认为富钴结壳的成矿元素来自周围的基岩，在基岩环境的影响下，结壳得以形成，结壳的形成与基岩的变化密切相关。

富钴结壳的三种成因不是独立无关的，它们之间常有交叉重合的地方。有些富钴结壳具有多种成因。富钴结壳的形成原因神秘而复杂，吸引着科研人员的好奇心，他们投入了大量的时间和精力，探寻富钴结壳中锰、铁、钴等元素的富集机制，收集大洋中富钴结壳的分层与年龄等方面的具体信息。经过长期科学的论证，富钴结壳的水成成因得到了大多数相关领域科研人员的支持。

富钴结壳的分布

自富钴结壳被发现以来，科研人员从未停止对它的探索。乘坐科学考察船出发的科研人员，在世界的各个大洋中都发现了富钴结壳。

海域分布

绝大多数富钴结壳都分布于太平洋，这里的富钴结壳矿点约占已知矿点总数的 80.8%。大西洋与印度洋也存在大量的富钴结壳，但所占比例远低于太平洋。

地貌及矿区分布

科研人员已经发现了许多富钴结壳矿点，其所在地区的地貌可以分为四种：海山、海盆、洋脊、大陆坡。

富钴结壳在海山区的蕴藏量占总体储量的 84%，洋脊、大陆坡和海盆只有少量富钴结壳分布。海山区富钴结壳中的钴品位最高，因此海山区是高品位钴的产出地，此处富钴结壳的品质最佳。世界上最主要的富钴结壳资源区位于西太平洋海山区。

根据富钴结壳在大洋不同构造和地貌形态上的区别，科研人员划分了富钴结壳成矿区。成矿区是富钴结壳矿点大规模集中分布的区域，和区域性的海山、洋脊、海盆和大陆坡一一对应，是划定富矿区的基础。富矿区属于富钴结壳的富集区。将富矿区进一步划分，圈定范围缩小，对应的是更加具体的海山和洋脊段等。太平洋有质量最优的富钴结壳富矿区。

富钴结壳的开采

富钴结壳开采的技术难度较大。富钴结壳附着在基岩上，相比于生长在松散沉积物基底的多金属结核更不方便开采，在采矿时要小心翼翼地避开基岩，否则，连带过多的基岩会大大降低矿石质量。为了解决开采难的问题，传统和创新的方法层出不穷，许多国家都在为获取富钴结壳资源而努力。

早在 20 世纪 50 年代的一天，美国中太平洋考察队像往常一样，在辽阔的海面上作业，发现在水下的海山上存在着一种从未见过的铁锰质壳状氧化物，他们只是把它当成一种普通的海洋矿物。直到 1981 年，一艘名叫"太阳号"的德国科考船率先对中太平洋的这种矿物开展了专门调查，发现了小矿石背后的大价值。一石激起千层浪，从此富钴结壳得到了很大的重视，许多国家纷纷投入富钴结壳的调查研究中。美国、德国、日本等发达国家关于富钴结壳的调查起步较早，这些国家投入了巨额的资金和大量的人力、物力，取得了丰硕的成果。

美国

1983—1984 年，美国地质调查局集中对大西洋、太平洋海域进行勘查，发现了大面积的富钴结壳矿床。太平洋岛国专属经济区的赤道太平洋和美国专属经济区以及中太平洋国际海域 800 ~ 2 400 米水深的海山处，都是具有很大开采价值的区域。光是夏威夷和约翰斯顿环礁海域内 5 万多平方千米的目标区含有的富钴结壳资源量就达到 3 亿多吨。

日本

日本对富钴结壳的研究起步较早。日本采集到富钴结壳样品后，成立了富钴结壳调查委员会，开始了专门研究。日本科研人员在调查中，发现海底沉积物之下也是富钴结壳的隐秘藏身处，改变了人们对富钴结壳资源量的预估，挖掘到了富钴结壳巨大的潜在价值。

韩国

韩国的海洋矿产研究得到了国家的大力支持，在专业部门的投资和指导下，韩国海洋开发研究院进入了富钴结壳研究领域。韩国曾与美国地质调查局达成合作，共同参与对克拉里昂－克里帕顿断裂带及西太平洋区的勘查。进入 21 世纪后，韩国关注麦哲伦海山区及中太平洋海山区，每年集中派出科研人员前往，进行科学考察。

中国

相比于发达国家，我国对富钴结壳的研究起步较晚。1997 年，我国开始对中太平洋海山区进行有计划的调查，正式拉开了富钴结壳勘探的序幕。在之后的前期调查中，我国的勘探遍及太平洋 5 个海山区的 28 座海山，获得了许多珍贵的一手资料。

2014 年，中国大洋协会与国际海底管理局签订了为期 15 年的国际海底富钴结壳勘探合同，矿区位于西北太平洋海山区，面积为 3 000 平方千米，标志着我国拥有了这一矿区的专属勘探权和优先开采权。

2017 年，"海洋六号"科学考察团队在西太平洋维嘉平顶海山矿区顺利完成了 44 个 1.5 米浅钻作业，成为我国富钴结壳资源勘查从资源调查阶段迈向一般勘探阶段的标志性事件。此后，"蛟龙"号载人潜水器凭借高精度定位和摄像观察，在我国富钴结壳勘探合同区多次下潜作业，了解富钴结壳资源状况和生物多样性，为我国富钴结壳资源评价和生物多样性研究提供了大量基础性资料。

对于人类来说，富钴结壳已经不再神秘。沉睡的"黑金山"在科学考察船

"海洋六号"综合调查船
（来源：https://www.cgs.gov.cn/xwl/ddyw/
201704/t20170414_427071.html)

隆隆的航行声中苏醒，在一次次的科学勘探中被采集，成为科研人员手中价值堪比黄金的宝贝。它们不再隐身于大洋，从水下走到陆上，今后会为人类创造更大的价值。

深海矿产资源

多金属硫化物 ▶▶▶

海底"黑烟囱"

"黑烟囱"的初次亮相

提到烟囱时你会想到什么，是做饭时飘出的袅袅炊烟，还是工厂里冒出的滚滚浓烟？大多数人认为烟囱只存在于陆地上，让人意想不到的是，海中竟然也有烟囱存在，还是可以"喷金吐银"的烟囱。这是怎么回事呢？

1979年，当海洋学家乘坐"阿尔文"号载人深潜器到达东太平洋海隆时，惊奇地发现海中某个地方出现了热气蒸腾的景象，远远看去那里就像有烟囱林立，仿佛是一个海中工厂。这是人类之前见所未见的奇观。这些冒着"浓烟"的地方就是海底热液喷口。多金属硫化物就藏在这里。

海底热液温度高达200℃～400℃，富含硫的热液流体以每秒数米的速度从"烟囱"中喷薄而出，与海水接触混合。"烟囱"中的热液流体有白色与黑色之分，为什么有颜色差异呢？这与组成流

大西洋中的"黑烟囱"

体的物质特性相关。如果由浅色的石膏和重晶石等硫酸盐矿物或者方解石等碳酸盐矿物及二氧化硅组成，那么流体就是白色的，这种"烟囱"被称为"白烟囱"；如果主要由硫化物组成，那么流体就是黑色的，这种"烟囱"就是名副其实的"黑烟囱"了。

"喷金吐银"的"黑烟囱"

　　"黑烟囱"就像喷泉，源源不断地喷出流体；又像被大火灼烧过后的黑色枯树，直挺挺地扎根在海底。仔细观察，可以发现它的周边杂乱地堆积着喷出物凝结后的产物，产物大多为黄褐色，偶尔有黑色、灰白色、蓝绿色混杂其中。科研人员对喷出物进行分析，发现其中含有大量的黄铁矿、闪锌矿以及铜、铁的硫化物等，于是多金属硫化物在海洋研究中有了姓名。

知识点链接

硫化物

　　电正性比较强的金属或者非金属和硫形成的化合物，就是硫化物。硫化物中的硫化氢是一种有毒的气体，有臭鸡蛋气味。生活中，银饰品为什么会变黑？有一个因素就是银饰品表面产生了硫化银，而这种化合物正是灰黑色的。

海底热液喷口

深海矿产资源

用电视抓斗采集的大型块状多金属硫化物

金

金属硫化物的"烟囱"通道

多金属硫化物

　　"黑烟囱"拥有"喷金吐银"的"超能力"。它是许多矿物（如铜、锌、铅、金与银）的富集处，还有钴、锡、硫、铟、镓与锗等诸多元素作为副产物。多金属硫化物的储量巨大，是颇有价值的深海矿产资源，引起了全世界的关注。

银　　　　　　　　　　　　　　铜

"黑烟囱"的发现之旅

海底"黑烟囱"只是海底热液活动表现形式的一种。人类与海底热液的相识经历了曲折复杂的过程。早在 1948 年，乘坐"信天翁"号海洋考察船出海的瑞典科研人员，已经在红海发现了海水温度高、盐度高的反常之处，出于种种原因，这个现象没有得到他们的重视。1963 年，美国"发现"号调查船用声学设备在红海探测到了水体异常，随即的采样作业发现了规模巨大的多金属软泥和含金属卤水。

美国"阿尔文"号载人深潜器有着浓厚的传奇色彩，对发现"黑烟囱"的贡献是它光荣履历中不可或缺的一笔。20 世纪 70 年代，它搭载着海洋学家潜入东太

"阿尔文"号载人深潜器

热液区的多金属硫化物

平洋，采集到由黄铁矿、黄铜矿和闪锌矿组成的硫化物，揭开了海底"黑烟囱"研究的序幕。之后，故地重游的"阿尔文"号与冒着热气的海底"黑烟囱"不期而遇，带回了许多含有多金属硫化物的沉积物，为科研人员开启专业化的研究提供了条件。

"黑烟囱"周围的生命奇迹

在"黑烟囱"附近，炽热的流体汩汩流出，水温高达 350℃ 左右。在人类以往的认知里，没有生物能够在这种恶劣的环境中生存。然而，生命的力量又一次让人类震撼。

科研人员惊奇地发现，在"黑烟囱"周围竟然有生命存在。这里的生物多样性和生物密度堪比热带雨林，目前发现的生物种类已经达到了 10 个门类。海底热液生物群落有细菌、蠕虫、蛤、螃蟹、虾等，有的生物长相奇异。

在这种热气缭绕的环境中，有一种极为特殊的生物——庞贝蠕虫。庞贝蠕虫又叫"刚毛虫"，是一种环节动物，外形和毛茸茸的毛毛虫相似。它们黏附在冒着热气的"黑烟囱"上，用自己的分泌物在外壁上筑起一条细而长的管子作为自己的家，居住其中。庞贝蠕虫大部分时间都"宅"在家里，偶尔也会从管子中爬出，在四周游荡一圈，但不会离家太远。

热液喷口周围的生物

庞贝蠕虫生活的地方，不但中心水温高达105℃，而且居所之内两端的温度差异很大。科研人员对此异常惊讶。

细长的管子增加了测温的难度，科研人员便将一种特制的温度计伸入管中测量。测量结果显示，管口的温度为20℃～24℃，管底的温度却达到了62℃～74℃，温度最高处达到81℃。仅仅在一根细窄的管子中，最高温与最低温相差约60℃。更加神奇的是，庞贝蠕虫不只待在管子里，当它们在海水中"游玩"之时，海水的温度只有2℃左右，与管子中的最高温相差79℃，这表明它们既不怕热，又不怕冷，对温度的适应性很强。这在海洋生物研究中是新奇的发现。

庞贝蠕虫能够在高温差环境下安然无恙地生活，印证了大自然的奥妙，吸引着人类的好奇心和探索欲

庞贝蠕虫

望。海底"黑烟囱"及多金属硫化物在带给了人类无数惊喜的同时，也抛出了复杂的难题。

多金属硫化物的分布特点

多金属硫化物广泛分布在太平洋、大西洋、印度洋、北冰洋。

海底"黑烟囱"所在的地形为柱状圆丘。从其所在地的地质构造上看，大洋中脊、火山弧和弧后盆地等地质构造深得"黑烟囱"的偏爱，这些区域很不稳定，却往往有热泉分布。

近年来，分布在洋底的热液矿床不断被发现，让我们对多金属硫化物的位置有了更深入、细致的了解。熟悉、掌握它们分布的环境特征是研究中的重要环节。

洋底裂缝中流出的财富

"黑烟囱"具有"喷金吐银"的超能力，让多金属硫化物从洋底裂缝中滚滚而出，巨大的工业财富正向我们招手。"黑烟囱"不仅有矿产价值，还在其他方面有巨大的潜在价值。

海洋油气等海洋矿产历经千万年得以形成，生长速度非常缓慢。与之相比，"黑烟囱"在生长时间上有着明显的优势。一个"黑烟囱"从开始喷发到最终消亡，所耗费的时间不过十几至几十年，和千万年的时间相比只是转瞬，但它在喷发期间足以生成近百吨的矿产。

"黑烟囱"喷发过后留存下来的矿物质纯净，鲜有土、石等杂质，多金属硫化物的品质很高，金属元素含量有保障，不需要复杂的提取工序。同样是优质海洋矿产的多金属结核与富钴结壳，其冶炼工艺复杂，在开发利用的简易程度上远远不及多金属硫化物。

多金属硫化物的形成与调查

多金属硫化物从何而来

多金属硫化物是颇具价值的矿产资源之一，它是如何在深海中形成的呢？简单来说，海水从洋壳裂隙中向下渗透，在靠近岩浆房的过程中被持续加热，并从周边岩石中淋滤出金、银、铜、铁、铅、锌等成矿金属元素，最终形成富含金属元素的高温热液流体。这种流体在浮力作用下向上运移，喷出海底。在喷发的过程中，由于环境物理化学条件变化，流体中金属元素络合物发生沉淀，形成多金属硫化物。随着时间的积累，多金属硫化物矿床慢慢增加至成百上千吨。

多金属硫化物的调查活动

对多金属硫化物最早的调查始于20世纪40年代，瑞典"信天翁"号考察船揭开了调查的序幕。随后，许多国家如美国、加拿大、日本、法国、英国、俄罗斯，纷纷参与多金属硫化物的调查项目。从20世纪80年代开始，多金属硫化物调查和研究的规模进一步扩大，世界上几个工业发达的国家先后制定了勘探和开发多金属硫化物的国家计划，并把海底热液矿床看作未来战略性金属的潜在来源。

美国

美国在多金属硫化物的调查中占据重要地位。1979年，"阿尔文"号载人深潜器在东太平洋直接观测到350℃热液流体以黑烟的形式从"黑烟囱"喷口喷涌而出，这是科学史上的伟大发现。此后，美国国家海洋和大气管理局制定了1983—1988年的五年计划，把处在美国200海里专属经济区内的胡安·德富卡洋脊作为海底热液矿床的重点研究和开发对象。1988年，斯克里普斯海洋研究所调查了东太平洋的一片新海域，发现了24个热液涌出口，并在一座海山的南坡水深2 440～2 620米处发现了一个南北长500米、东西宽200米的硫化矿物沉积层。

日本

日本海洋地质专家从1983年开始，调查了马里亚纳海槽、四国海盆等的热液矿床，投入了大量物力和财力进行多金属硫化物的研究。

为了保证调查的专业性和科学性，日本投资75亿日元，打造了能下潜2 000米的"深海2000"载人深潜器，又花费数年时间，投入大量资金，建造出能下潜6 500米的"深海6500"载人深潜器，用于海洋热液矿产的研究。此外，日本在相关技术设备研制方面做出了很大努力，走在世界前列。除了关注矿产资源的分布等基本问题外，日本还对多金属硫化物矿床的成矿机制、资源评价、采矿环境等方面做了全面调查。

中国

我国有关海底热液活动的调查工作起步较晚，始于20世纪80年代。1988年7~8月，我国科研人员通过中德合作模式执行了"太阳"号SO57航次科学考察，对马里亚纳海槽进行了热液活动及地质环境调查。1988年9月，我国科研人员通过中俄（苏）合作对东太平洋海隆进行了综合调查，并获取了热液沉积物样品。1990年，中国、德国和美国三国科研人员合作执行了SO69航次科学考察，再次对马里亚纳海槽进行了地质调查和取样工作。1992年，中国科学院海洋研究所第一次在国内独立组队，完成了对冲绳海槽热液活动的调查。1998年，我国科研人员乘坐"大洋一号"科学考察船在马里亚纳海槽开展了热液活动调查，对18°N热液区进行了海底地形测量和拖网取样作业，为我国海底热液活动及多金属硫化物资源的调查积累了经验。

2003—2004年，我国独立进行了大洋中脊热液活动和多金属硫化物资源调查。2005年，我国多金属硫化物调查技术和装备有了长足的进步，中国大洋协会组织了我国科学考察史上具有里程碑意义的考察活动——"大洋一号"首次环球科学考察（DY105-17A航次），这标志着我国大洋科学考察事业全面拓展。我国科学考察人员在一系列环球科学考察中获取了丰富的多金属硫化物、海底岩石、深海沉积物、海水等样品。

2007年，中国大洋协会DY115-19航次在西南印度洋脊（49°39′E，37°47′S）发现了第一个热液活动区，拍摄到了活动"黑烟囱"以及多金属硫化物和热液生物的大量照片，并采集到大量样品。直至2010年，中国大洋协会通过在西

深海矿产资源

南印度洋完成的有关海底热液活动的 4 个航次科学考察任务，发现了 8 处热液区。2011 年，国际海底管理局核准了中国提出的多金属硫化物矿区的申请，中国大洋协会与国际海底管理局签订了西南印度洋脊 10 000 平方千米的多金属硫化物勘探合同。

2009 年，我国首次开展对南大西洋中脊热液硫化物的调查，至 2021 年，已对南大西洋中脊南北近 2 000 千米长的区域进行了热液活动调查，共发现骐虞、太极、采蘩、德音、凯风、赤弧、允臧、洵美、彤管、清扬 10 个热液区。

至 2021 年，我国在西北印度洋已发现大糦、卧蚕、天龙、天休、宝船、天使 6 个热液区。

海底"黑烟囱"引领我们走入了一幅描绘深海矿藏与生物的画卷，让我们见证了自然的奇迹和生命的力量。多金属硫化物的发现，为以后世界工业的发展提供了有力的保障。现代热液活动区是研究块状硫化物成矿的天然实验室。为了在世界竞争中占据高地，我国应把目光投向深海勘查设备与技术的研发上，为获取优质的多金属硫化物做好充分的准备。

深海稀土 ▶▶▶

深海矿产家族的新成员

深海矿产的新发现

　　广阔无垠的深海蕴藏着多种类型的矿产资源，许多陆地上存在的矿产资源在深海中都能找到，因此称深海为矿产资源的战略"新疆域"十分贴切。深海矿产资源一方面作为陆地资源的补充，可以有效缓解陆地资源短缺的危机；另一方面作为潜在矿产资源，可以为人类未来生存和发展提供有力的保障。随着科学技术的进步，人类在深海中不断有新的发现，深海稀土便是深海矿产家族中的新成员。那么，什么是深海稀土呢？

　　深海稀土即深海富稀土沉积物，或称深海富稀土泥，是存在于深海海底的一种富含稀土元素的沉积物。2011 年，日本科研人员通过对太平洋的深海沉积物成分的研究，认为在太平洋中广泛存在深海稀土，使深海稀土以资源的身份进入人类的视野，并得到全世界的广泛关注。

重力取样器采集的深海稀土岩心　　　　　　　　　　　显微镜下的深海稀土

宝贵的深海"泥巴"

深海稀土为褐色或深褐色的深海黏土沉积物。它的沉积物类型主要是沸石黏土和远洋黏土，这两类沉积物含有沸石、黏土矿物、铁锰微结核和生物磷灰石等，广泛分布在深海海底。虽然深海稀土看起来就像泥巴，其貌不扬，但是别小看这些深海"泥巴"，其中可蕴藏着宝藏——稀土元素。

深海稀土中的钙十字沸石

深海稀土中的铁锰微结核

深海稀土中的生物磷灰石（鱼牙化石）

泥巴状的深海稀土

稀土元素是一组金属元素的统称，从 18 世纪末开始陆续被发现，共有 17 种，包括 15 种镧系元素——镧（La）、铈（Ce）、镨（Pr）、钕（Nd）、钷（Pm）、钐（Sm）、铕（Eu）、钆（Gd）、铽（Tb）、镝（Dy）、钬（Ho）、铒（Er）、铥（Tm）、镱（Yb）、镥（Lu），以及与镧系元素密切相关的两种元素——钪（Sc）

和钇（Y）。稀土元素具有非常特殊的光、电、磁等物理特性，广泛应用于冶金、电子、汽车制造、新能源、新材料、核工业、航天和军工等领域，是保障经济发展和社会进步的关键性矿产资源。稀土元素是一组非常神奇的金属元素，少量的稀土元素加入，就可以显著改变原始材料的性质，因此稀土元素被誉为"工业维生素"。例如，在镁铝合金中加入少量的钕，就可以显著提高合金的耐高温性和耐腐蚀性，这样的合金可以广泛用作航空航天材料；在钕铁硼永磁材料中加入少量的镝，可以显著提高其剩磁、矫顽力和磁能积，这种材料广泛用于电子及航天工业和驱动风力发电机；采用钇元素改进的超导材料可在液氮温区获得超导体，使超导材料的研制取得了突破性进展。稀土元素的应用十分广泛，类似的例子还有很多，不一而足。现在人类所使用的稀土元素全部采自陆地，而我国是世界第一稀土大国。"中东有石油，中国有稀土"，1992 年，邓小平在南方讲话时提到的这句话道出了我国稀土资源的优势。

深海稀土中富含稀土元素，与陆地稀土矿床相比具有如下特点：分布范围广，资源潜力巨大，据初步估算，仅太平洋沉积物中深海稀土的资源量就是已知陆地稀土资源量的 1 000 多倍；富含陆地相对缺乏、经济价值高的中、重稀土元素；放射性元素含量低，开采过程不会产生放射性污染。因此，深海稀土具有开发潜力。

深海矿产资源

深海稀土的形成

深海稀土是如何形成的？迄今为止，这一奥秘尚未被人类破解，科研人员还在不断探索研究。目前，科研人员大多认为深海稀土中的稀土元素主要来源于海水，赋存于生物磷灰石和铁锰微结核等矿物中。其中，生物磷灰石主要为鱼牙和鱼骨化石，而铁锰微结核就是微小的多金属结核，它们特殊的矿物结构非常容易吸收海水中的稀土元素。

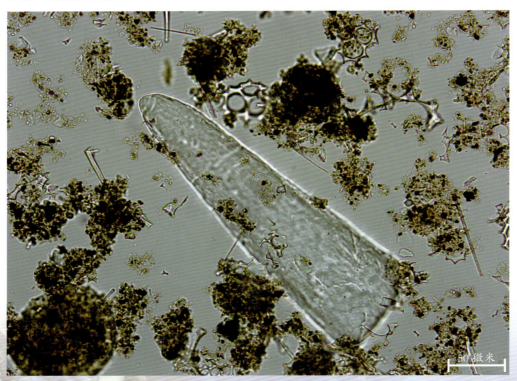

50 微米

显微镜下的生物磷灰石（鱼牙化石）

然而海水中为什么存在如此大量的稀土元素呢？日夜不停奔流入海的河水、随风入海的尘土、频繁爆发的海底火山以及海底热液活动等都会源源不断地为海水输送大量的稀土元素。海水中的稀土元素最终被沉积物中的生物磷灰石和铁锰微结核等"捕获"，"囚禁"在沉积物中，形成了深海稀土。从目前的研究来看，沉积物的沉积速率、水深、生物生产力、氧化还原环境以及海底的底流活动等因素都会影响深海稀土的形成，对具体的形成过程还需要进一步研究。

深海稀土是深海矿产资源的一种新类型，我们对它的认识和了解还非常有限，仍存在许许多多的未解之谜。随着调查研究的不断深入，通过科研人员的不断努力，这些谜题将会被解开。

深海稀土的分布

目前，在太平洋和印度洋均发现了大面积存在的深海稀土。其形成环境与多金属结核有些相似，多出现在水深4 000 ~ 6 000米的深海盆地中。深海稀土自2011年被发现，相关调查研究仍处在起步阶段。据初步研究，太平洋和印度洋海域是深海稀土大面积发育的海区。我国科研人员在这两片海域划分出了四个深海稀土成矿带：中印度洋海盆－沃顿海盆深海稀土成矿带、西太平洋深海稀土成矿带、中－东太平洋深海稀土成矿带、东南太平洋深海稀土成矿带。然而，在大西洋至今仍未发现深海稀土的踪影，初步研究推断该海区不太可能大面积发育深海稀土。

太平洋

目前，在东南太平洋、中－东太平洋和西太平洋海域均发现了大面积发育的深海稀土。深海稀土在不同海区的分布特征存在一定差异。已有调查研究发现，东南太平洋的深海稀土主要发育在海底之下0 ~ 10米，稀土元素含量较高，具有分布面积广、受热液流体影响显著的特征；中－东太平洋的深海稀土主要

深海矿产资源

发育在海底之下 0 ~ 64 米，稀土元素含量中等；西太平洋深海稀土主要发育在海底之下 2 ~ 15 米，稀土含量远高于其他海域。

印度洋

目前，在中印度洋海盆和沃顿海盆发现了大面积发育的深海稀土，其稀土元素含量中等，与中 – 东太平洋相似。其中，中印度洋海盆的深海稀土主要发育在海底之下 0 ~ 5 米，沃顿海盆的深海稀土发育较深，在海底之下 103 ~ 122 米也有所发现。

深海稀土的调查研究与开采

深海稀土的调查研究

曾被"冷落"的深海稀土

其实早在 20 世纪 70 年代，中外科研人员就发现深海黏土沉积物中富含稀土元素，但未从资源的角度加以考虑。直到 2011 年，日本学者加藤泰浩的发现使深海稀土名声大振，成为备受关注的深海矿产资源。目前，世界上许多国家，尤其是发达国家，正在加紧对深海稀土的调查研究。

日本

日本科研人员最先报道了深海稀土的存在。日本也是世界上最先进行深海稀土调查和研究的国家。日本对深海稀土的调查研究从一开始就以商业开发为目的，为此，日本政府还修改了《海洋基本计划》，并专门制定了针对深海稀土的《海洋能源矿产资源开发计划》。目前，日本已在其专属经济区南鸟岛周边海域发现了高品位的深海稀土富集区，并将其作为重点研究区域。日本称已完成南鸟岛周边海域深海稀土的初步资源勘查和潜力评价，并开展了深海稀土的采集、扬矿、冶炼等技术的研究，做出了针对深海稀土资源的经济性评价，接下来将着力进行试采工作。

中国

我国是国际上第二个开展深海稀土调查研究并取得重大发现的国家，在这方面处于国际领先地位。在日本开展深海稀土调查研究的同一年，我国科研人员也

我国科学考察船"向阳红 01"船

深海矿产资源

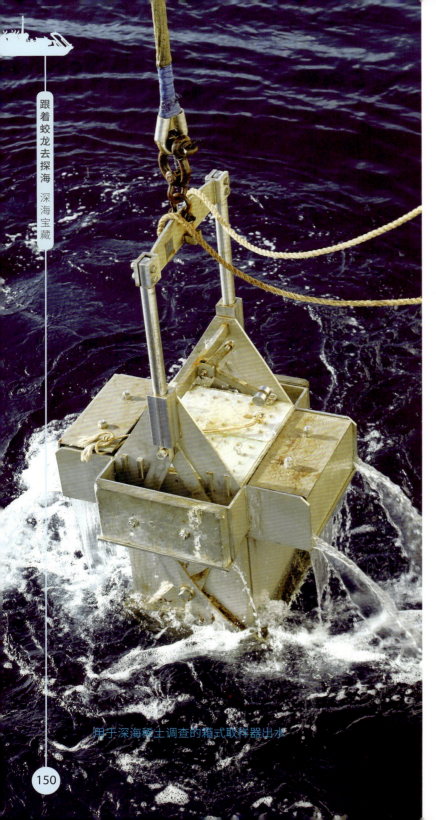

用于深海稀土调查的箱式取样器出水

开始了对深海稀土资源的调查研究工作。目前，我国的深海稀土调查研究主要在国际海底区域进行。2015年以来，我国科研人员在中印度洋海盆、东南太平洋和西太平洋发现了大面积富稀土沉积区，开展了对深海稀土的形成机制、赋存状态等方面的系列科学研究。

近几年来，美国、英国、法国、德国、挪威、印度等国家的矿业公司和相关科研机构也持续关注深海稀土资源。

深海稀土的开采

深海稀土资源量丰富，开发潜力巨大。然而，深海稀土主要分布于水深4 000～6 000米的深海，开采成本制约着其商业开发利用。已有调查研究发现，深海稀土往往与多金

用于深海稀土调查的箱式取样　　　　　用于深海稀土调查的重力取样器出水

属结核相伴生，且相关开采技术非常相似。深海稀土可能与多金属结核一起成为最先实现商业开采的深海矿产资源。深海稀土的开采仍处在起步、探索阶段。日本等国已开展了探索性研究，初步提出了深海稀土开发的采矿概念设计、开发技术理念；我国也在选冶流程、加工处理方法、新材料等方面进行了探索。

我国从深海稀土中提炼出来的稀土氧化物

深海矿产资源

　　"蛟龙"号已经浮出水面，我们的深海探险就此结束。这场有趣的经历让我们领略到了深海的奥妙、了解了六种深海矿产。有了科学的研究和解读，发现并了解它们不再困难。陆地矿产资源日益紧张，深海矿产资源在未来会发挥更加重要的作用。如何开采和利用它们，是大海抛给我们的难题。怎样追赶先进科技的步伐，也需要我们思考。就像诗中所说，"世上无难事，只要肯登攀"，相信未来在深海矿产资源开发利用领域，科研人员会取得更多成果。

"蛟龙"号

深海矿产资源

图书在版编目（CIP）数据

深海宝藏／石学法主编．— 青岛 ：中国海洋大学
出版社，2021.12（2023.11重印）
（跟着蛟龙去探海／刘峰总主编）
ISBN 978-7-5670-2755-8

Ⅰ．①深… Ⅱ．①石… Ⅲ．①深海生物－青少年读物
②海底矿物资源－青少年读物 Ⅳ．①Q178.533-49
②P744-49

中国版本图书馆CIP数据核字(2021)第013362号

深海宝藏 Treasures of the Deep Sea

出 版 人	杨立敏		
出版发行	中国海洋大学出版社		
社　　址	青岛市香港东路23号	邮政编码	266071
网　　址	http://pub.ouc.edu.cn	订购电话	0532-82032573（传真）
项目统筹	董　超	电　　话	0532-85901092
责任编辑	王　慧	电子信箱	shirley_0325@163.com
印　　制	青岛海蓝印刷有限责任公司	成品尺寸	185 mm × 225 mm
版　　次	2021年12月第1版	印　　张	10.5
印　　次	2023年11月第2次印刷	字　　数	145千
印　　数	5 001～8 000	定　　价	39.80元

发现印装质量问题，请致电 0532-88786655，由印刷厂负责调换。